中世纪之美

UMBERTO ECO

ARTE E BELLEZZA
NELL'ESTETICA MEDIEVALE

[意大利] 翁贝托·艾柯 著

刘慧宁 译

译林出版社

图书在版编目（CIP）数据

中世纪之美 /（意）翁贝托 · 艾柯著；刘慧宁译. —南京：译林出版社，2021.8
ISBN 978-7-5447-8627-0

I.①中… II.①翁… ②刘… III.①美学史 – 西方国家 – 中世纪 IV.①B83-095

中国版本图书馆 CIP 数据核字（2021）第 060013 号

著作权合同登记号　图字：10-2018-136 号

中世纪之美 ［意大利］翁贝托 · 艾柯 / 著　刘慧宁 / 译

责任编辑　陶泽慧
装帧设计　韦　枫
版式设计　黄　晨
校　　对　蒋　燕
责任印制　单　莉

原文出版　Yale University Press, 2002
出版发行　译林出版社
地　　址　南京市湖南路 1 号 A 楼
邮　　箱　yilin@yilin.com
网　　址　www.yilin.com
市场热线　025-86633278
排　　版　南京展望文化发展有限公司
印　　刷　南京爱德印刷有限公司
开　　本　787 毫米 ×1092 毫米　1/16
印　　张　20.5
插　　页　4
版　　次　2021 年 8 月第 1 版
印　　次　2021 年 8 月第 1 次印刷
书　　号　ISBN 978-7-5447-8627-0
定　　价　168.00 元

目　录

Quia catholice veritatis doctor non solum provectos debet instruere, sed ad eum pertinet etiam incipientes erudire, secundum illud apostoli I ad Corinth. III, tanquam parvulis in Christo, lac vobis potum dedi, non escam; propositum nostre intentionis in hoc opere est, ea que ad christianam religionem pertinent, eo modo tradere, secundum quod congruit ad eruditionem incipientium. Consideravimus namque huius doctrine novitios, in his que a diversis conscripta sunt, plurimum impediri, partim quidem propter multiplicationem inutilium questionum, articulorum et argumentorum; partim etiam quia ea que sunt necessaria talibus ad sciendum, non traduntur secundum ordinem discipline, sed secundum quod requirebat librorum expositio, vel secundum quod se prebebat occasio disputandi; partim quidem quia frequens eorundem repetitio et fastidium et confusionem generabat in animis auditorum. Hec igitur et alia huiusmodi evitare studentes, temptabimus cum confidentia divini auxilii, ea que ad sacram doctrinam pertinent, breviter ac dilucide prosequi, secundum quod materia patietur. Ut igitur intentio nostra sub aliquibus certis limitibus comprehendatur, necessarium est primo investigare de ipsa sacra doctrina, qualis sit, et ad que se extendat. Circa que queruntur decem. Primo de necessitate huius doctrine. Secundo utrum sit scientia. Tertio utrum sit una vel plures. Quarto utrum sit speculativa vel practica. Quinto de comparatione eius ad alias scientias. Sexto utrum sit sapientia. Septimo quid sit subiectum eius. Octavo utrum sit argumentativa. Nono utrum uti debeat metaphoricis vel symbolicis locutionibus. Decimo utrum scriptura sacra huius doctrine sit secundum plures sensus exponenda.

Ad primum sic proceditur. Videtur quod non sit necessarium preter philosophicas disciplinas aliam doctrinam haberi. Ad ea enim que supra rationem sunt, homo non debet conari, secundum illud Eccli. III, altiora te ne quesieris. Sed ea que ratione subduntur, sufficienter traduntur in philosophicis disciplinis. Superfluum igitur videtur preter philosophicas disciplinas aliam doctrinam haberi. Preterea, doctrina non potest esse nisi de ente, nihil enim scitur nisi verum, quod cum ente convertitur. Sed de omnibus entibus tractatur in philosophicis disciplinis, et etiam de Deo, unde quedam pars philosophie dicitur theologia, sive scientia divina, ut patet per philosophum in VI Metaph. Non fuit igitur necessarium preter philosophicas disciplinas aliam doctrinam haberi. Sed contra est quod dicitur II ad Tim. III, omnis scriptura divinitus inspirata utilis est ad docendum, ad arguendum, ad corripiendum, ad erudiendum ad iustitiam. Scriptura autem divinitus inspirata non pertinet ad philosophicas disciplinas, que sunt secundum rationem humanam invente. Utile igitur est preter philosophicas disciplinas esse aliam scientiam divinitus inspiratam. Respondeo dicendum quod necessarium fuit ad humanam salutem esse doctrinam quandam secundum revelationem divinam, preter philosophicas disciplinas que ratione humana investigantur. Primo quidem, quia homo ordinatur a Deo ad quendam finem qui comprehensionem rationis excedit, secundum illud Ysa. LXIIII, oculus non vidit Deus absque te, que preparasti diligentibus te. Finem autem oportet esse precognitum hominibus, qui suas intentiones et actiones debent ordinare in finem. Unde necessarium fuit homini ad salutem, quod ei nota fierent quedam per revelationem divinam, que rationem humanam excedunt. Ad ea etiam que de Deo ratione humana investigari possunt, necessarium fuit hominem instrui revelatione divina. Quia veritas de Deo per rationem investigata a paucis, et per longum tempus, et cum admixtione multorum errorum, homini proveniret, a cuius tamen veritatis cognitione dependet tota hominis salus, que in Deo est. Ut igitur salus hominibus et convenientius et certius proveniat, necessarium fuit quod de divinis per divinam revelationem instruantur. Necessarium igitur fuit preter philosophicas disciplinas, que per rationem investigantur, sacram doctrinam per revelationem haberi. Ad primum ergo dicendum quod licet ea que sunt altiora hominis cognitione, non sint ab homine per rationem inquirenda, sunt tamen a Deo revelata suscipienda per fidem. Unde et ibidem subditur, plurima supra sensum hominum ostensa sunt tibi. Et in huiusmodi sacra doctrina consistit. Ad secundum dicendum quod diversa ratio cognoscibilis diversitatem scientiarum inducit. Eandem enim conclusionem demonstrat astrologus et naturalis, puta quod terra est rotunda, sed astrologus per medium mathematicum, id est a materia abstractum, naturalis autem per medium circa materiam consideratum. Unde nihil prohibet de eisdem rebus de quibus philosophice discipline tractant secundum quod sunt cognoscibilia lumine naturalis rationis, et aliam scientiam tractare secundum quod cognoscuntur lumine divine revelationis. Unde theologia que ad sacram doctrinam pertinet, differt secundum genus ab illa theologia que pars philosophie ponitur.

Ad secundum sic proceditur. Videtur quod sacra doctrina non sit scientia. Omnis enim scientia procedit ex principiis per se notis. Sed sacra doctrina procedit ex articulis fidei, qui non sunt per se noti, cum non ab omnibus concedantur, non enim omnium est fides, ut dicitur II Thess. III. Non igitur sacra doctrina est scientia. Preterea, scientia non est singularium. Sed sacra doctrina tractat de singularibus, puta de gestis Abrahe, Ysaac et Iacob, et similibus. Ergo sacra doctrina non est scientia. Sed contra est quod Augustinus dicit XIIII de Trin., huic scientie attribuitur illud tantummodo quo fides saluberrima gignitur, nutritur, defenditur, roboratur. Hoc autem ad nullam scientiam pertinet nisi ad sacram doctrinam. Ergo sacra doctrina est scientia. Respondeo dicendum sacram doctrinam esse scientiam. Sed sciendum est quod duplex est scientiarum genus. Quedam enim sunt que procedunt ex principiis notis lumine naturali intellectus, sicut arismetica, geometria et huiusmodi. Quedam vero sunt que procedunt ex principiis notis lumine superioris scientie, sicut perspectiva procedit ex principiis notificatis per geometriam, et musica ex principiis per arismeticam notis. Et hoc modo sacra doctrina est scientia, quia procedit ex principiis notis lumine superioris scientie, que scilicet est scientia Dei et beatorum. Unde sicut musicus credit principia tradita sibi ab arismetico, ita doctrina sacra credit principia revelata a Deo. Ad primum ergo dicendum quod principia cuiuslibet scientie vel sunt nota per se, vel reducuntur ad notitiam superioris scientie. Et talia sunt principia sacre doctrine, ut dictum est. Ad secundum dicendum quod singularia traduntur in sacra doctrina, non quia de eis principaliter tractetur, sed introducuntur tum in exemplum vite, sicut in scientiis moralibus, tum etiam ad declarandum auctoritatem virorum per quos ad nos revelatio divina processit, super quam fundatur sacra scriptura seu doctrina.

Ad tertium sic proceditur. Videtur quod sacra doctrina non sit una scientia. Quia secundum philosophum in I Post., una scientia est que est unius generis subiecti. Creator autem et creatura, de quibus in sacra doctrina tractatur, non

缩写表

ET　埃德加·德·布吕纳,《中世纪美学研究》，三卷本（布鲁日，1946）。

LB　亨利·普永,《经院哲学的美与超越特性》,《中世纪教义与文学史档案》第二十一期（1946），第263—329页。

PL　J. P. 米涅,《拉丁教父全集》（巴黎，1844—1890）。

S. T.　圣托马斯·阿奎那,《神学大全》。

圣托马斯·阿奎那

《神学大全》

约1300年

私人藏品

再版前言

这部中世纪美学概览作品前后涵盖了十一个世纪，其中年代最晚的作者距今也有五个世纪，相比之下，二十八年的确是白驹过隙。但我依然觉得有必要说明，该书写于 1958 年，出版于 1959 年，原题为“中世纪美学的发展”（‘Sviluppo dell’estetica medievale’），是一套合著的四卷本美学史读本《美学史的时刻与问题》的第一卷《从古典时代到巴洛克时期》（*Momenti e problemi di storia dell’estetica*, Milano, Marzorati, 1959, vol. 1: ‘Dall’antichità classica al barocco’, pp. 115—230）的一个章节。因此，我只讨论了以拉丁语写作的哲学家的美学理论（所有引文都为拉丁语原文，因为该读本的目标读者是学者）。不过，为了更好地解释某些哲学观点的意义，我也援引了世俗文化，多次提及影响经院哲学的基督教早期教父。我没有专门阐述奥古斯丁和但丁，只因昆蒂诺·卡陶代拉（Quintino Cataudella）已论述早期基督教思想，安东尼奥·维斯卡尔迪（Antonio Viscardi）已谈及中世纪的文学理论，乔治·巴尔贝里·斯夸罗蒂（Giorgio Barberi Squarotti）则已概述 14 世纪意大利的世俗文学理论（但丁、彼得拉克和薄伽丘）。因此，我主要论述的是经院哲学的美学，必要时另论及其文化环境。

故而该文本是为这一读本而写，并不以独创性为初衷。我对于中世纪美学的独创贡献（如果有的话），是我于 1956 年出版的关于阿奎那美学理论的著作《托马斯·阿奎那作品中的美学问题》（*Il problema estetico in Tommaso d’Aquino*, 2nd revised edition, Milano, Bompiani, 1970，即将由哈佛大学出版社推出英译本）。毕竟在 1958 年，一位年轻的学者很难就如此漫长的历史时期提供新的资料，尤

彩色玻璃窗
1248 年
巴黎：圣礼拜堂

其因为早在1946年时，埃德加·德·布吕纳（Edgar De Bruyne）就已出版了具有开创性的著作《中世纪美学研究》（*Études d'esthétique mediévale*）。而我只是对之前几十年里由其他学者发现和重新发现的一系列文本做了（相当综合的）个人解读。因此，该文本曾经，或许也将继续适宜于非专业的中世纪爱好者，尤其因为我想从当代探讨艺术和美的角度去重新阅读经院哲学。我并非秉承新经院哲学的立场，也并不想证明这些古老的理论依然适用于当今的问题。不过，我还是试图展现，他们的问题和答案在多大程度上可以被当代读者理解，即使这些问题与当代读者所关心的事物相去甚远。

该文本写于我二十六岁时。当耶鲁大学出版社请求重新出版时，我挺不情愿的。不过之后，我决定相信出版商和译者，他们认为依然会有读者对该书感兴趣。如果现在让我重写，我显然会纳入新的参考文献，也肯定会改变文风。我曾犯下年轻（意大利）学者的所有典型错误，也曾相信艰深的句法表现了可敬的智慧和成熟，感谢休·布雷丁（Hugh Bredin），他的英语译文比我的意大利语原文更优美。

如果让我重写，我还会想加入一些新的反思，也许会涉及一些名不见经传的作者。我肯定会重写结语，在中世纪思想和当代美学（以及符号学）的比较中加入新的内容。比如，在《托马斯·阿奎那作品中的美学问题》（第二版，1970）的新结语里，我将经院哲学的方法和结构主义的某些方面进行了比较。不过，我的基本观点不会改变，这也是我最终同意在多年后出版这一译本的唯一原因。也许在这本小书中，我以年轻学者的笨拙方式讲述了一个故事，但时至今日，我依然相信这个故事。

为了满足读者的好奇，顺便缅怀一下我的青春岁月，我们不如回顾当初：那时的我一接下邀约，就不得不入伍服役十八个月。我很感激我的中尉，让我得以每天从营房前往舒适的图书馆避难。他还为我提供了一间小办公室，使得我的书籍、文件和打字机（比意大利军队的更好用）有了容身之所，我能够在那里安静地工作。我是一名列兵，中尉却如同我的看门人，有人来时他就会说："别打扰教授，他在工作。"我深深沉浸于中世纪之美，以至于有一天我丢了枪，我都不记得我是如何以及为何能躲过行刑队的。无论在当时还

圣母胸像

约1390—1395年

纽约：大都会博物馆修道院分馆

是现在，我都是一位好斗的和平主义者。

因此，很难说我是应该感谢米涅神父（Abbé Migne）、艾蒂安·吉尔森（Etienne Gilson），还是更应该感谢甲壳虫贝利*、泰嫩特·富齐（Tenent Fuzz）、哈弗特拉克上将（General Halftrack）和斯诺克尔中士（Sergeant Snorkel）。愿上帝保佑他们所有人。

翁贝托·艾柯，1986年

罗伯特·康平作坊
天使报喜三联画（局部）
约1427—1432年
纽约：大都会博物馆修道院分馆

* 甲壳虫贝利（Beetle Bailey），以军旅生活为背景的诙谐漫画《菜鸟从军记》的主角。——译注

导　言

这部短小的作品涉及的时段上自6世纪，下至15世纪，旨在研究贯穿中世纪拉丁文明的美学问题和美学理论的历史发展。

“中世纪拉丁语文化”首先将我们指向经院哲学（Scholastic philosophy）及其所处的整个文化环境，但它也指向普通人的文化。我一直试图证明，那个时代流传的理论与现实中的感性及艺术成果有着怎样的相关性。我阐明美学理论，是为了发现它有多么符合，又多么背离那个时代的现实，是为了发现中世纪美学和中世纪文化、文明的其他方面有哪些富有意义的联系。简言之，我试图明确美学理论是否为美的享受和生产过程中产生的问题提供了有效的答案——无论美对于中世纪人意味着什么；并明确理论是否且怎样刺激和指导了艺术的体验和实践。

我希望我的这番描述可以战胜一个普遍的异见，即中世纪没有美学，而只是沉迷于形而上的概念——这些概念既含糊又刻板，它们与寓言的纠缠关系更使其费解。

显然，如果我们以美学表示一种独特的艺术构想——比如根据克罗齐（Croce）的理论，艺术是感受的抒情直观——那么确实，中世纪哲学未曾产出这样的“美学”。但这实际上是将对艺术和美的探寻——每个时代都在自行进行着这样的探寻——化约为一种特定美学理念的产出，这从方法论上来说就是错误的，且莫名曲解了历史观点。

然而，我们必须探究的是，在每个时代，当大众感性和文化遭遇美学问题时，这些问题都是怎样得到解决的。如此我们的历史探寻便具有价值，不过这份价值不是对于我们所说的“美学”而言

全能基督圣像
6世纪
西奈山：圣凯瑟琳修道院

（无论定义如何），而是对于特定文明的历史（就其自身的感性和美学意识）而言。如果撇开意识形态上的喜好，我们还会发现本书所述的一部分理论在今日仍有一定价值。除此之外，我们也会更清楚地认识到，当代的哪些问题源于中世纪学说，而这些学说又因为远离我们当前的兴趣，时常被忽视。

中世纪美学这个领域蕴藏着丰富的宝藏，埃德加·德·布吕纳的《中世纪美学研究》等巨著将许多曾在我们视线之外的材料带入我们的视野范围内。在本书中，我将考察中世纪人最关心，在我看来也最值得关注的一些问题。从具体主题而非具体哲学家入手似乎更为可取，因为在每一个体系内，对美学问题的论述通常分散各处，难以综合，而且不同作者在涉及同一问题时，观点时常没有实质性区别。从方法论的角度来说，中世纪哲学深深植根于传统。创新不会被夸耀，它甚至是一点一滴、悄然进行的，直至最终被吸收进包容的融合体系里。从主题入手，我们可以追溯演变的过程，了解传统如何逐渐让位于具有争议的新观点；我们可以追踪每一个疑难问题的解答是如何发展和成熟的，批判性的、科学的严谨态度又是如何形成的。

中世纪美学始于对古典时代几乎不加批判地继承，但这份遗产依然有着焕然一新的精神。一种关于美的形而上学和认识论逐渐形成，最终诞生了美是一种有机价值的观点，这是其最为成熟的时期。我们将看到，这一观念随后没落。传统的形而上概念开始分崩离析，艺术概念和诗性行为变得越来越不系统连贯，聚集了诸多问题。亚里士多德传统不再万能。这些为以天赋和想象力为信条的风格主义奠定了基础。

林堡兄弟
叛逆天使的堕落
取自**《贝里公爵的豪华时祷书》**
约1412—1416年
尚蒂伊：孔蒂博物馆

第一章

中世纪的审美感性

一

中世纪所讨论的大多数审美问题都继承自古典时代。然而，基督教赋予这些问题独具一格的特点。有些中世纪观念衍生自《圣经》和基督教早期教父；但同样，它们也被吸纳进一个系统的新哲学世界中。因此，中世纪对于审美事物的思考是具有独创性的。可仍然会有人说，中世纪的美学只不过是在玩弄传承下来的术语罢了，只是因传统和其系统化倾向而被正当化，却缺乏实际的意义。曾有人评论：在审美和艺术创作领域，古典世界凝视着自然，而中世纪人则转而凝视古典世界；中世纪文化并非基于现实的现象研究，而是基于文化传统的现象研究。

然而，这句话并没有展示出中世纪核心观点的全貌。确实，中世纪人尊崇他们所继承的概念，这些概念于他们而言是真理和智慧的结晶。他们也确实倾向于将自然视作对超越世界的反映，甚至是阻挡在超越世界之外的屏障。但同时，他们也具备一种感性，能够对自然世界及其审美性质做出鲜活生动的回应。

一旦我们认可中世纪人面对自然美和艺术美而产生的自发行为——即使是由学说和理论引发的，它也远远超出智性和书本——我们就会开始明白，对于中世纪人而言，美指涉的不只是抽象的、概念性的事物，也指涉具体经验。

中世纪人确实构想过一种纯智性的、具有道德和谐与形而上光辉的美。我们只有对他们的思维和感性做最深入和最共情的理解才能明白这一点。

> 经院哲学家所说的美是上帝的一种属性。美的形而上学（比如由普罗提诺所提出的）和艺术理论是完全无关的。“当代”人给艺术赋予过高的价值，是因为他们已经失去了新柏拉图主义者和中世纪人对智性美所具有的感受……这种美是美学家所无法领会的。[1]

第 004 页
耶稣受难像
约 1150—1200 年
纽约：大都会博物馆修道院分馆

[1] E. R. Curtius, *European Literature and the Latin Middle Ages*, translated by Willard R. Trask (London, 1953), p. 224, n. 20.

林堡兄弟
伊甸园
取自**《贝里公爵的豪华时祷书》**
约 1412—1416 年
尚蒂伊：孔蒂博物馆

不过，我们在讨论中世纪思想时也不必局限于这一类型的美。首先，智性美在中世纪经验中是一种道德和心理的**现实**；如果不基于这一视角审视智性美，我们就无法正确地评判他们的文化。再者，中世纪对于非可感之美的讨论，也催生了关于可感之美的理论。他们将两者进行类比和对比，或者以其一为前提对另一者进行推演。最后，当时的审美领域比现今广阔许多，纯粹形而上意义的美常常会激发人对物之美产生兴趣。无论是哪一种美，在理论之外也存在着普通人、艺术家和艺术爱好者的日常感觉体验。有充分的证据证明，中世纪曾存在这种对可感世界的热爱。实际上，当时的学说系统努力地证明其正当性并引导其发展，以防这样的爱会引至对精神

HIC EST
REX IV
DEORM

领域的忽视。[1]

有人认为中世纪是清教徒式的，即中世纪人拒绝感官世界，这一观点无视了中世纪的史实，对中世纪思维有着根本的误解。实际上，中世纪的思维在神秘主义者和禁欲主义者对美的态度中得到了最好的体现。无论哪个时代的禁欲主义者，都并非没有察觉到尘世愉悦的诱人之处，他们所感受到的强度其实比旁人更甚。禁欲主义规训的戏剧性恰恰就在于尘世欢愉和追寻超自然之间的张力。但是当规训起效之时，平静会降临，感官会得到控制，这时人能够心无波澜地注视着地上万物，看见它们的价值，而这正是禁欲主义所奋力阻止的。关于这两种心理状态，中世纪的禁欲主义和神秘主义给出了许多例证，同时还有一些与中世纪审美感性有关的极有趣的记载。

二

12 世纪时，熙笃会和加尔都西会曾发起一场著名的运动，反对将不必要的奢靡艺术用于教堂装饰。熙笃会的一条章程谴责金、银、彩色玻璃、雕塑、绘画、丝绸和织毯的滥用。[2]圣伯纳（St. Bernard）、亚历山大·尼卡姆（Alexander Neckham）和佛洛伊的修伊（Hugh of Fouilloi）也发出过类似谴责，他们说“这些多余的东西”只会让祷告和敬拜中的虔诚信徒分神。但从没有人表示过装饰不美丽，或者不令人愉悦。它被谴责只因它具有强大的吸引力，而这强大的吸引力在他们看来为它所处的神圣环境不容。佛洛伊的修伊将其描述为一种美好却反常的愉悦之物。这里的“反常”充满了道德和社会的内涵，禁欲主义者时常关注这一点。他们看到的问题是，如果上帝的孩子们正过着贫困的生活，教堂应该附上奢侈的装饰吗？但另一方面，他们又将愉悦称作奇异的愉悦（mira

《林道福音书》封面

约 870—880 年

纽约：摩根图书馆 & 博物馆

［1］阿尔琴（Alcuin）坦承，爱美丽的生物、芳香的气味和优美的声音（species pulchras, dulces sapores, sonos suaves）比爱上帝容易［C. Halm, *Rhetores Latini Minores*（Leipzig, 1863）, p. 550］。但是他还写道：“这些事物如在其位，即我们通过它们增进对上帝的爱，那么这样的爱——对装饰的爱（amor ornamenti），是非常正当的。”

［2］*Consuetudines Carthusienses*, chap. 40 (PL, 153, col. 717).

delectatio)，这揭示了他们对审美性质的觉察。

圣伯纳在《致圣蒂耶里的威廉的辩护书》(*Apologia ad Guillelmum*)中写到当修道士背对世界时，他们放弃的是什么。他在此处持相似观点，只不过将范围扩大至各类尘世之美：

> 我们这些避开社会的人，为了基督放弃世间所有宝贵、美丽的事物——奇异的光和色彩，美妙的声音和气味，味觉和触觉的愉悦。于我们而言，所有肉体的愉悦只不过是秽物……[1]

这段批评之语充满了愤怒，但显而易见，圣伯纳对于他所谴责的事物有着最真切的欣赏；其中甚至还有一丝懊悔，因他的禁欲精神而显得尤为强烈。

此书中的另一段落更明确地表明了他的审美敏锐性。他批判雕像杂乱、过于庞大的教堂，并在批判中对符合此特点的克吕尼风格

第 010—011 页
礼拜堂上层
1248 年
巴黎：圣礼拜堂

第 012 页
圣福伊圣物匣
约 10 世纪末至 11 世纪初
孔克：圣福伊修道院

[1] 该处与紧接其后的圣伯纳引文出自其《致圣蒂耶里的威廉的辩护书》第 12 章(PL, 182, cols. 914—916)。

罗马式建筑做了一番描述。他的语气是轻蔑的，但矛盾的是，他对自己反对之物的分析却是绝妙的。开头处，他论及教堂大小之争议："更不用说那些教堂高不见顶，宽敞过分，人在其中渺小如蚁，木饰极尽奢华，绘画令人惊叹，以至于迷了祷告人的眼，乱了敬拜人的心——让我想起某些古老的犹太教仪式。"他继续追问道，这些奢华之物有没有可能是为了引来更多的奢华之物，吸引更多的教堂资助？"其他的一切都镀了金，填满观者的眼睛，拉开他们的钱袋绳。圣人被塑造为俊俏的男子，好像颜色越鲜艳就越神圣一样……"他在这里谴责的对象很明显，读者也有可能赞同他。他质疑的不是审美性质，而是将其用于与宗教本质不符的目的，即赚钱。"人们跑过去亲吻雕塑，被游说捐款；事实上，他们更多是爱慕美，而非崇敬神圣之物。"这就是他的观点：装饰让祷告者分心。如果是这样，雕像和装饰繁复的柱头又有什么用？

刻有怪物的拱门
约 1150—1175 年
纽约：大都会博物馆修道院分馆

在回廊里，在驻足读书的弟兄们的眼皮下，那些可笑的怪物、畸形的美和美的畸形，难道有什么助益吗？看那些粗野的猿、凶蛮的狮、妖怪似的半人马、非人非兽的家伙、浑身斑纹

ICI EST ENFERS E LI ANGELS KI ENFERME LES PORTES:

的老虎、作战的骑士、吹号的猎人等等，它们在这儿是要做什么呢？有的只有一个脑袋却有许多身子，有的只有一具身子却有许多脑袋，这边是四条腿的兽拖一条蛇尾巴，那边是鱼身上长着一个兽头，这里是马身子拖着一个羊屁股，那里是带角的兽长着马的后蹄。总之，四面八方都是五花八门的形状，大理石上的内容反而比书本更为丰富。人们受了引诱，不是读书而是观摩大理石，在惊叹中消磨了一天时光，反倒不去领会上帝的律法了。看在上帝的分上，人们即便不为这些蠢物感到羞愧，至少也应当为奢靡的花费而愤怒吧！*

这一段落的一大重要特征是文体，它以当时的标准精心写就。事实上，这是神秘主义者的典型文体［我还想到了圣彼得·达米昂（St. Peter Damien）］：他们对诗歌和造型艺术的批评文章便是此类文体的个中翘楚。你无须惊奇，因为几乎所有的中世纪思想家，无论是不是神秘主义者，都曾在青年时期痴迷诗歌。阿伯拉尔（Abelard）曾痴迷，圣伯纳、维克多派（the Victorines）、圣托马斯·阿奎那、圣文德（St. Bonaventure）也曾如此。有些人写出的不过是文体习作，有些人却留下了中世纪拉丁语文学最卓越的诗歌，如阿奎那的《圣体圣事的职分》。

不过，禁欲主义者的观点，因其极端反而更适用于目前的讨论，因为他们能理解他们所反对之物的魅力，称其危险又不吝称赞。圣奥古斯丁便是先例，他曾怀着热情和真诚在《忏悔录》中叙述虔诚之人的困扰，担心被圣乐之美诱惑而停下祷告。[1]

圣托马斯·阿奎那以相似却更委婉的语气，建议礼拜仪式不使用器乐。他说，避免使用器乐，恰是因为它会引发极其强烈的愉悦，以至于让信徒分心，违背圣乐的初衷。宗教音乐中最能达到目的的是歌曲，歌曲让灵魂更专注，而器乐，他写道，“让灵魂愉悦，但无益于培养良好的内在性情”。[2] 此处，他显然承认了一种审美现实，

地狱之口
取自**《温切斯特诗篇》**
约 12 世纪中叶
伦敦：大英图书馆

* 该处译文引自谢弗—克兰德尔：《剑桥艺术史：中世纪艺术》，钱乘旦译，译林出版社，2009 年。稍有改动。——译注

[1] St. Augustine, *Confessions*, X, 33.

[2] S.T., II—II, 91, 2.

格里高利圣咏乐谱
取自**《蒙彼利埃手抄本》**
约 1300 年
蒙彼利埃：蒙彼利埃大学图书馆

其存在毋庸置疑，却因处于错误的位置而变得危险。

中世纪神秘主义者回避尘世之美，在《圣经》及享受圣恩状态下，在对灵魂内在节奏的默观中寻求庇护。某些权威曾谈及熙笃会的“苏格拉底式”美学，它基于对灵魂之美的默观。“内在美，”圣伯纳写道，“比起外在装饰，甚至是国王的虚华之饰，更为雅致。”[1]殉道者受折磨后的躯体令观者不适，却闪耀着灿烂的内在美。

外在美与内在美的对比是中世纪思想中不断重现的主题。尘世之美的转瞬即逝，令其流淌着一股忧伤之情。波爱修斯哀叹死亡到来时刻的话语令人动容：“万物之美来去匆匆，比春天的繁花凋零更无常……”[2]悲叹消逝*是中世纪文化中常见的说教主题，上面这句话是该主题在审美上的变化形式。过去的灿烂事物都去哪儿了？雄伟的城市、显赫贵族的财富、伟大人物的功绩，都去哪儿了？在

[1] St. Bernard, *Sermones in Cantica*, XXV, 6 (PL, 183, col. 901).
[2] Boethius, *The Consolation of Philosophy*, III, 8.
* 悲叹消逝（ubi sunt）的字面意义为“[它们]何在”，出自“Ubi sunt qui ante nos fuerunt?”（那些曾在我们面前的，如今何在？），另作“ubi nunc”（如今何在）。——译注

“死亡之舞”（danse macabre）的背景下，死亡胜利了，我们发现对于逝去之美的忧伤有着多种表现形式。信念坚定的人虽然还是会受到哀伤的折磨，却可以平静、充满希望地旁观死亡的舞蹈。这让人想起维庸（Villon）最为哀伤的叠句：但是去年的雪去哪里了？

面对行将毁灭之美，中世纪人在永不毁灭的内在美中找寻到安全感。他们通过避入这种美，在死亡面前令美永存。如果人类拥有林叩斯（Lynceus）的眼睛，波爱修斯写道，他们将会发现美男子亚西比德虽外表美丽，惹人喜爱，但灵魂实则恶毒。[1] 不过，这一评论带着点刻薄的小情绪，波爱修斯对音乐中数学的研究在精神上其实与此不同。中世纪还存在一系列探讨正直身体中正直灵魂之美的文本，这体现了一种基督教理想，即身体是灵魂的外在表现。霍伊特的吉尔伯特（Gilbert of Hoyt）曾写道：“我们也应该敬重肉体的样貌，其充实的美好显露出人之仁厚，因为外在的面庞能让看见它的人振作精神，并用它见证的内在仁厚滋养我们。”[2] 圣伯纳也曾写道：

双层拱顶

约 786 年

科尔多瓦：科尔多瓦清真寺

[1] Boethius, *The Consolation of Philosophy*, III, 8.

[2] Gilbert of Hoyt, *Sermones in Canticum Salomonis*, XXV, 1 (PL, 184, col. 129).

> 当美的光辉充溢至心的深处，它便会显露于世，就如容器中的光——于黑暗中闪耀的光不会试图隐藏自己。身体是心灵的形象，是灿烂的光源向四周投射的光线，心灵通过器官和感官扩散，在行动、对话、外貌、动作中——甚至在笑声中，如果这笑是十足真诚、严肃的——闪耀。[1]

因此，我们在禁欲主义的争论焦点中，发现了一种对于人和自然美的感受。而在维克多派神秘主义里，纪律和严苛被包容进知识和爱的宁静中，自然之美终于恢复了它所有的积极价值。对于圣维克多的修伊（Hugh of St. Victor）而言，默观需要智性的参与，但这不限于神秘主义体验，在关注可感世界时，智性也会参与。他写道，默观是“灵魂对所见物体的自在的明晰透视”；[2]于是默观就并入对可爱之物的愉悦爱慕中。当灵魂发现物体复制了它的内在和谐，便诞生审美愉悦。不过，当智性自在地默观尘世形式的奇妙和美丽时，这其中也包含审美元素。“观看地上万物：你会发现许多美丽的、令人向往的事物……金子……闪耀着光辉，肉体美好，衣服和装饰色彩艳丽……”[3]

因此我们看到，这一时期的美学写作不仅对美进行理论探讨，而且洋溢着自发的赞叹。这表明当时的感性与理论话语交织得多么紧密；而这些文字又出自神秘主义者，可以说又为这些文字增添了一分论证价值。

上文的最后一个例子涉及中世纪一个非常常见的主题：女性美。旺多姆的马修在《作诗的艺术》[4]中定下了描述美丽女子的规则，这似乎并不让人惊讶；其实他也不过是在半开玩笑，戏仿古人来掉个书袋。按理说，平信徒对自然世界具有更强烈的感受力。但我们也发现神职人员在《雅歌》中谈论配偶之美。即使他们的目的是发现经卷中的寓言意义，以及黑皮肤、健美的女仆的身体属性所对应的

[1] *Sermones in Cantica*, LXXV, 11 (PL, 183, col. 1193).

[2] Hugh of St. Victor (Hugh of Paris), *De Modo Dicendi et Meditandi*, 8 (PL, 176, col. 879).

[3] Hugh of St. Victor, *Soliloquium de Arrha Animae* (PL, 176, col. 951).

[4] Matthew of Vendôme, *The Art of Versification*, translated by Aubrey E. Galyon (Ames, Iowa, 1968).

超自然属性，我们依然发现他们时常会自负地对恰当的女性美理想发表意见，这其中显露出一种自发的对于女性具有尘世性质的纯洁的欣赏。坎特伯雷的鲍德温（Baldwin of Canterbury）为发辫献上溢美之词。他虽然在用寓言说教，却依然没能掩饰自己在时尚方面的敏锐嗅觉，因为他的描写中肯、精确，而且明确提及了发辫的整体审美吸引力。[1]霍伊特的吉尔伯特也写过一段很特别的话，描述女性的胸部要真正令人赏心悦目，其正确维度该是怎样。恐怕只有到了今天，我们才能在他的严肃认真中发现一股恶意。他的理想让我们想起中世纪袖珍画里的女士，她们紧缚的束胸衣将胸部聚拢、提升："适度大小和隆起的胸部最为赏心悦目……胸部应当束起，但不至于平坦，约束应轻轻的，但也不要让其过度放肆。"[2]

三

如果我们从神秘主义者转向中世纪文化的其他领域，无论是在平信徒还是在神职人员那里，我们无疑都发现中世纪人对于自然美和艺术美有着感性的回应。

一些权威人士声称，中世纪人从来不懂得将美的形而上概念与他们对艺术技巧的认识联系起来，在他们那里，这两者是两个不同的、互不关联的世界。我对这点存疑。首先，至少在有一个领域的语言和感性中，艺术和美之间的联系并无明显的阻碍。维克托·莫尔泰的《建筑史文集》便提供了充分的证明。[3]在这些关于大教堂建设的记载中，关于艺术问题的书信讨论、艺术家接受的委托、形而上的美学概念，常常与艺术观点混杂在一起。显然，这种混杂也存在于日常生活中。之后我也将探讨，它在哲学层面上是否也得到承认。

另一个问题是，中世纪人习惯将艺术用于说教目的，那么他们是否曾论及无说教目的的审美体验的可能性？这涉及艺术中美的自

[1] Baldwin of Canterbury, *Tractatus de Vulnere Charitatis* (PL, 204, col. 481).

[2] *Sermones in Canticum Salomonis*, XXXI, 4 (PL, 184, col.163).

[3] Victor Mortet, *Recueil de textes relatifs à l'histoire de l'architecture*, 2 vols. (Paris, 1911, 1929).

主性，最终将涉及中世纪批判性品位的本质和局限。有许多作品都可以解答这些问题，不过我只须列举少数几部特别具有代表性和说服力的就足够了。

J. 赫伊津哈在《中世纪的衰落》中评论道："对审美愉悦的意识及其表达发展得相当缓慢。法齐奥（Fazio）等 15 世纪学者在表达艺术喜好时，只会用老套的语言表示惊叹。"[1] 如今看来这一观点部分正确，但是，我们不能将语言的不准确与审美默观状态的缺席等同起来。我们须注意，对于艺术之美的感受如何在发生的那一刻转化为与上帝的交融感，一种生之喜悦（joie de vivre）。实际上，是赫伊津哈本人记录了这一点。[2] 这种理解美的方式不正适合一个价值观大融合的时代吗？

12 世纪的圣但尼修道院院长苏杰（Suger），可算作一位典型的有品位的中世纪人和艺术爱好者。他是一位政治家和人文学者，负

双柱头

12 世纪晚期

纽约：大都会博物馆修道院分馆

[1] J. Huizinga, *The Waning of the Middle Ages*, translated by F. Hopman (Harmondsworth, 1965), pp. 254—255.

[2] J. Huizinga, p. 256.

责法兰西岛地区主要的艺术和建筑工事。[1]他在心理和道德上都与圣伯纳等禁欲主义者完全相反。在这位圣但尼修道院院长看来，上帝的圣殿应是天下美丽事物的贮藏室。所罗门王是他的榜样，“热爱上帝圣殿之美”（dilectio decoris domus Dei）是他的原则。圣但尼修道院的金库堆满珠宝和艺术作品，苏杰曾充满爱意地做了精准的描述：

> 一尊大号金圣餐杯重达一百四十盎司，其上装饰着宝石——红锆石和黄宝石，它所接替的上一尊圣餐杯，在前任院长时被典当，现已不知所踪……［以及］……一尊斑岩花瓶，它在金库里懒散地卧躺数年之后，在雕刻师和打磨师的手中从大肚酒瓶化为鹰的形态，引人称赞。[2]

［1］See Erwin Panofsky, *Abbot Suger on the Abbey Church of St. Denis and its Art Treasures* (Princeton, 1946). Also Elizabeth G. Holt, *A Documentary History of Art*, 2 vols. (New York, 1957), I, pp. 22—48. Suger's *De Rebus Administratione sua Gestis* is in PL, 186, cols. 1211—1239.

［2］Erwin Panofsky (1946), pp. 77, 79.

阿达圣餐杯

8 世纪

都柏林：爱尔兰国家博物馆

IHCNA
ZARENVS
REXIVDEOX
MAHTHILD ABBA
OTTO DVX

在罗列这些财宝的过程中，他对以如此奇妙的方式装饰教堂表现出兴奋、激动之情。

> 我们经常出于对教堂——我们的母亲的纯粹喜爱，凝视这些或旧或新、各式各样的装饰；当我们注视着与小十字架并置的美丽的圣安利日十字架，以及置于金色圣坛上方、通常被称为“纹章”的独一无二的装饰时，我会一边心中深深叹息，一边默念：“肉红玉髓、黄宝石、碧玉、贵橄榄石、缟玛瑙、绿柱石、蓝宝石、红榴石和祖母绿——每一块宝石都是您的霓裳。”[1]

也许你会同意赫伊津哈对这类描写的评价：苏杰主要是被贵金属和宝石迷晕了眼。他的首要情绪是惊异，是对庞然大观（the kolossal）的感触，而不是对美的感受。苏杰和其他中世纪收藏家一样，库房里不仅堆有艺术作品，也有怪异的奇物。贝里公爵（duc de Berry）的收藏中有独角兽的角、圣若瑟的订婚戒指、椰子、鲸鱼的牙齿和来自七大洋的贝壳。[2] 在共计约三千件的藏品中，七百件为画作，此外有一头防腐处理过的大象、一条九头蛇、一头巴西利斯克蛇怪、修道院院长发现的一枚蛋中蛋，以及在一场饥荒中从天而降的吗哪。* 所以我们有理由质疑中世纪品位的纯粹程度，以及他们是否能区分艺术和畸形学，分清美丽的事物和稀奇的事物。

苏杰的这份清单固然天真原始，他在其中描述所有珍贵材料时也几乎只用专业术语，但它依旧反映出值得我们关注的两大要素：一是对能够给人带来即时愉悦的事物的单纯喜爱——这是一种基本的审美反应形式；再就是对艺术作品所使用材料的不加批评的意识，即意识到材料的选择本身也是一种首要且根本的创造行为。这种由材料而非由塑造过程而来的愉悦，表现出中世纪审美反应中的一种具有常识的稳定特性。

赫伊津哈时常说，中世纪人让想象力脱缰奔驰，而不是将其束

奥托与玛蒂尔德十字架
11 世纪
埃森：埃森主教座堂珍宝馆

[1] Erwin Panofsky (1946), p. 63.
[2] See J. Guifferey, *Inventaire de Jean, duc de Berry* (Paris, 1894—1896).
* 吗哪（manna），《圣经》中以色列人经过旷野时所得的天赐食物。——译注

缚于眼前的个别艺术作品。该观点属实，之后我将谈及这一点。但此刻，我们须先关注苏杰。我们会发现，他再次记录了中世纪审美愉悦转化为神秘主义“生之愉悦”的过程。在教堂里，他对美的体验带有一种狂喜的性质。

> 当我目睹教堂之美而心生喜悦，五彩斑斓、赏心悦目的宝石将我的注意力从外界的顾虑中引开，此时，真诚的默想将物质传递至非物质，引导我去思考神圣之美的多样性：我似乎看见自己居住在宇宙中某个奇怪的区域，它既不完全处于土地的泥泞中，也不完全存在于天堂的纯洁里；感谢上帝恩典，我得以通过神秘解释（anagogico）从此低等世界被传送至那高等世界。[1]

凡尔登的尼古拉
凡尔登祭坛
1181 年
克洛斯特新堡：克洛斯特新堡修道院

我们应当注意到这一段落中的一些特点。艺术材料的感官存在激起了一种真实的审美体验。这种体验既不是单纯的感官愉悦，也不是

[1] Erwin Panofsky (1946), pp. 63, 65.

对于超自然事物的智性默观。从审美愉悦到神秘主义乐趣的过渡基本上是在一瞬间发生的，比“神秘解释”更为即时。我们由此可以得出结论，中世纪品位既不关涉艺术的自主性，也不关涉自然的自主性。它其实涉及对所有想象的、超自然的关系的理解，存在于被默观的物体和向超越开放的宇宙之间。它意味着在实在的物体中识别出对上帝之存在和力量的本体论的反思和参与。

四

所有这些文本都并未否认中世纪人具有审美感性，而是定义了他们拥有的审美感性的特点。“融合”的概念被证明具有核心的解释作用，而融合的文化在这里意指一种包含多种价值体系的文化，这些体系在该文化的必然限制下，通过相互影响而产生相互联系。

这种价值观的融合让今日的我们难以理解中世纪人为何不区分美（pulchrum，decorum）和功用或善（aptum，honestum）。这些词汇贯穿了论诗艺技巧的经院文献和中世纪论述。不过，美和善的两大范畴时常在理论层面上得到区分。比如，塞维利亚的圣依西多禄曾说，pulchrum 指自身美丽的事物，aptum 指因与其他事物的联系而美丽的事物[1]——这一构想由古典时代传承下来，通过西塞罗传至圣奥古斯丁，再至整个经院哲学。但是，在与理论相对的艺术实践观点中，中世纪人不区分这两种价值观，而是将它们杂糅在一起。赞颂艺术之美的作者也会坚信其说教功能。苏杰本人认同阿拉斯教会会议（Synod of Arras）于 1025 年认可的观点，即普通人不能从《圣经》中理解的所有事物，应以图片为媒介教给他们。奥坦的荷诺里写道，绘画的目的有三重：一、“美化上帝的圣殿”；二、让人想起圣人的事迹；三、“绘画……是平信徒的文学”。[2] 关于文学，当时普遍的观点是文学应“教导和使人愉悦”，展示智力的高贵和修辞的美丽。这是加洛林王朝时代文人的一条基本美学原则。

[1] St. Isidore of Seville, *Senteniarum Libri*, I, 8, 18 (PL. 83. cols. 551—552).

[2] Honorius of Autun, *Gemma Animae*, chap. 132 (PL, 172, col. 586).

教堂内部

4 世纪

特里尔：君士坦丁巴西利卡

这些观点常被谴责过于刻板。但是我们应注意，它们不是一种目光短浅的、原始的说教。实际上，中世纪人很难将这两种价值领域区分开来，这不是因为他们缺少批评精神，而是因为他们将对事物的道德回应和审美回应看作一体。于他们而言，生活是完融一体的。如今，我们也许已经能够唤回这一视野的积极意义，尤其因为当代哲学专注于人类生活的融合需求。虽然我们不再能够触及中世纪人的生活方式，但至少他们提供的范式可供我们深

入洞察，从中获得有价值的见解；而他们的美学学说在这方面具有十分重要的意义。

经院美学的一大问题，是在形而上的层面上将美与其他形式的价值融合了起来，这一点并不是偶然。他们对于美的超越性质的讨论，是他们建立融合感性的一次重大尝试。他们既试图让审美价值具有自主性，也试图让它在统一的价值体系中占有一席之地——或者用中世纪的术语说，将它置于存在之超越层面的统一视野中。

第二章

超越之美

第 028 页
塔伦托大师
维纳斯的胜利，受六位传奇情人崇拜
约 1360 年
巴黎：卢浮宫

第 030 页
亚当与夏娃镶嵌画
1174 年
蒙雷阿莱：蒙雷阿莱主教座堂

中世纪有着一个不断重现的主题，即美的普遍存在。这一时期的历史中，黑暗和矛盾俯拾皆是，但是哲学家和神学家对宇宙的构想却充满光明和乐观。《创世记》教导我们："神看着一切所造的都甚好……天地万物都造齐了。"[1]《智慧书》也传授着，上帝根据数量、重量和度量创造世界。[2]我们将看到，这些概念既被当作审美概念，也被当作宇宙论概念，它也是对善，对形而上的 Bonum 的表达。

这一宇宙的泛美主义视野始于《圣经》，之后由早期教父扩展补充。它也由古典遗产得到巩固。世界之美是理想之美的图像和反映，这一理论源于柏拉图。卡西底乌斯（Chalcidius）在评注《蒂迈欧篇》时写到世界无以伦比的美，应和了这部对于中世纪思想的形成具有奠基作用的作品的结论。

> 如此，世界中所有的生命便达到了完满，无论凡人还是永生者，世界达成它极致的伟大、善、美和完美——这是根据智

[1] Genesis, I, 31 and II, 1.
[2] *Wisdom*, XI, 21.

> 性的相似造出的、接受所有可见物的可见生命，这是向感官展现的神，这是我们唯一、仅有的天堂。[1]

西塞罗在《论神性》中也出声附和："没有什么比这片土地更好、更卓越、更美丽。"[2]

这些古典泛美主义的自信声明，在中世纪甚至被翻译为更加坚决的表达，这部分是出于基督徒对上帝作品的热爱，部分则源自新柏拉图主义的影响。这两种影响的联姻在亚略巴古的丢尼修（即伪丢尼修）的《论圣名》中得到了最充分的体现。这一作品将宇宙描述为美的无止境的照耀，那无处不在的"第一美"的壮阔表现，那令人目眩的光彩的倾泻。

> 但是，这超实质的美（Il bello soprasostanziale）被称作"美"，是因为上帝根据万物的各自本性给予其性质；是因为上帝是万物和谐与光彩的因，它如同光，以具有传递美的效应的源初光束照耀万物；是因为上帝召集万物作用于自身［上帝由此得"美好"（Bellezza）之名］；* 是因为上帝将万物汇集成一种互相贯通的状态。[3]

任何伪丢尼修的评述者都无法抵抗这种令人着迷的视野，它已然为中世纪灵魂的自然、自发的感受赋予了某种哪怕稍显有限、模糊的哲学地位。约翰内斯·司各特·爱留根纳将宇宙构想为上帝通过他那不可言喻的美展现的启示，上帝同时以物质美和理念美展现，散布在所有造物的美之中。万物，无论相像与否，无论形态种属，无论遵从实质因或偶然因的怎样的秩序，都汇成一个非凡的整体。[4]没有任

[1] Plato, *Timaeus*, translated by A. E. Taylor (London, 1929), p. 100.

[2] Cicero, *De Natura Deorum*, II, 7.

* ώς πάντα πρός έαυτό χαλούν (όθεν χαί χάλλος λέγεται).

[3] Dionysius the Areopagite, *The Divine Names*, translated by C. E. Holt (London 1920), pp. 95—96.

[4] See John Scotus Eriugena, *On the Divine of Nature*, translated by Myra L. Uhlfelder (Indianapolis, 1976), III, 6.

INCLYTA THEBIGENAE SPECTAS MONVMENTA CEBETIS
HVMANAE BIVIVM VITAE, ERRORES QVE MALIGNOS,
MORTALESQVE QVIBVS SENSVS IRRETIAT ILLEX
IMPOSTVRA MODIS, CIRCEIAQVE POCVLA DISCE
RVRSVS INACCESSOS PANDAT QVAE SEMITA CALLES,
ARDVA QVA VIRTVS HABITAT, DIIS PROXIMA, TVRBAE
NON RESIDI AETERNVM NOMEN, VITAMQVE BEATAM,
VATIBVS ET LAVROS FRONDENTIA PRAEMIA DONAS
INFORTVNATVS
FORTVNA
GLORIA VANA
CONCVPISCENTIA
OPINIO
GENIVS
INCAVTVS

PERSEVERANTIA
PATIENTIA
ARTES·MECHANICÆ
PENITENTIA
DISCORDIA
SPELVNCA·INFELICITATIS·ET·OMNIS·MISERIÆ
INFAMIA
DISCIPLINA FALSA
BONA OPINIO
BONV·DESIDERIV
HOMO·PENITES
PAVPERTAS
ONSIDERATVS

何一位中世纪作家不探讨宇宙的复调；我们常常在他们沉着、克制的哲学语言中注意到伴随着狂喜的呼喊："当你思考宇宙的秩序和壮观时……你会发现它就像一首最美的圣歌……万物的奇妙多样性是极致喜悦、和谐的交响乐。"[1]

许多概念的诞生都是为了将这种宇宙的美学视野以哲学的方式表达出来。但是归根结底，它们都来源于《智慧书》中的三个术语：数量（numerus）、重量（pondus）与度量（mensura）。类似的三联词还有：尺度（modus）、形式（forma）与秩序（ordo）；实质（substantia）、本性（species）与能力（virtus）；决定者（quod constat）、协调者（quod congruity）与识别者（quod discernit）；诸如此类。不过，此类词汇并不总能形成协调的体系，而且它们还有另一个目的——定义善和美。比如欧塞尔的威廉曾写道："物的善与美是一体的……物的美在于三方面（本质、数量和秩序）——而奥古斯丁也曾说善是由这三方面构成。"[2]

但是在发展的某一节点上，经院哲学意识到这种泛美主义感性虽然流传广泛，但又十分模糊和抒情，借助的是隐喻而非科学的语言，因此有必要将三联词系统化，界定出唯一的一组，赋予它哲学的严谨性。

因此在13世纪，许多批评都致力于寻找出一个严谨的解决方案，这部分是由摩尼教的复兴所引起，即卡特里派和阿比尔派的异端学说。经院哲学家面对的观点是：世界本质上表现为善恶较量的不确定结果。作为回应，他们试图证明即便在最黑暗的时刻，创造也有着积极的特性。

为达目的，他们所使用的策略包括这一理论：超越特性（proprietà trascendentali）乃是存在的"伴随条件"。如果我们确认统一、真和善的价值并非分散、偶然地实显化，而是作为外延的形而上特性依附于存在，那么所有存在都将是统一的、真的且善的。

圣堂长菲利普的《论善大全》就是在这样的智性环境下写就的。

第 032—033 页

人生之旅

1573 年

阿姆斯特丹：荷兰国立博物馆

[1] William of Auvergne, *De Anima*, V, 18, quoted in LB.

[2] William of Auxerre, *Summa Aurea*, quoted in LB.

该书成于13世纪初，是为超越这一概念确立准确意义的第一次尝试。该书的体系基于亚里士多德在《形而上学》中对统一和真的探讨[1],不过也受到了阿拉伯的亚里士多德学派的影响。菲利普注意到反摩尼教的斗争，尤其强调了善的理念；他也受阿拉伯人启发，发展了一套关于超越之同一性和可转换性的理论，由此，超越仅仅根据我们构想事物的方式（secundum rationem）而不同。“善可转换为存在……因为存在的本性便是富于善。”[2] 善见于其完美，见于其与目的相一致。统一则见于其不可分割的属性。

菲利普本人并未谈及美。但他的许多同时代人曾谈及，特别是在评述伪丢尼修时。伪丢尼修时常论美，以至于后人不得不提出疑问：美难道不也是超越的吗？他的评述者试图做三件事。第一，他们试图就美构想出一个严谨的定义，这一定义将反映他们的泛美主义感性。第二，他们试图将前文提及的多组三联词（数量、重量、度量等等）整合进超越的语言，以此解释它们。第三，他们试图在深刻的形而上层面阐明善与美的关系，与经院哲学方法论的要求达成一致。当时的时代氛围崇尚融合价值，其感性虽然受到基督教的影响，却透着美善合一（kalokagathìa）的希腊精神。因此，经院哲学希望建立多种价值的同一性，且让各价值有其自主性。如果可以证明美是整体存在的一个常在特性，那么宇宙之美就可以在形而上的确定性中，而非仅仅在诗学的情感上得到建立。超越需要依据我们构想事物的方式得到区分，这引导他们为某物被视作美的具体条件做出定义，即在价值观的终极统一中，美的自主性的条件。

所有这些都表明，在某一刻，哲学意识到需要去分析美学问题。中世纪早期的许多记录都曾提及美，但这些作者并不愿意发展任何与美相关的具体概念。不同译者对于伪丢尼修的美（kalòn 和 kàllos）* 有着不同的处理方式，这便是一个有趣的例证。公元827

[1] Aristotle, *Metaphysics*, III, 3; IV, 2; X, 2.

[2] Philip the Chancellor, *Summa de Bono*. Quoted in Henri Pouillon, 'Le Premier Traité des propriétés transcendentales', Revue néoscholastique de philosophie, XLII (1939), pp. 40—77.

* 古希腊语中，kàllos（阳性形式）也作 kalòn（中性形式），它在现代语言中通常被译作“美”。由于美善合一的观念，kàllos 之美有着道德的内涵。——译注

罗伯特·康平作坊

天使报喜三联画

约 1427—1432 年

纽约：大都会博物馆修道院

分馆

年，第一位译者伊尔杜安（Hilduin）将《论圣名》中的一句译作："善和善的事物，不是分别归于其单一且无所不包的因……一件事物被称作善的，是因为它在善之中……" kalòn 被用作表示"善的"的本体论意义。但是三个世纪之后，约翰内斯·撒拉凯努斯（Johannes Saracenus）将这句译作："美和美的事物，不是分别归于其单一且无所不包的因……一件事物被称作美的，是因为它在美之中……"[1]这位译者在写给索尔兹伯里的约翰（John of Salisbury）的信中回忆道，他翻译伪丢尼修时是根据意义而非字面。[2]这里不仅涉及宽泛意义上的语言准确性问题，也涉及内容的差异——意译会对词语进行阐释。布吕纳曾说，约翰内斯·撒拉凯努斯与伊尔杜安犹如身处不同的世界。[3]他们的差异不仅在于学说，也不仅在于文本理解上的更进一步。伊尔杜安和约翰内斯·撒拉凯努斯之间的几个世纪中发生了许多事：黑暗时代的结束，加洛林文艺复兴，阿尔琴和拉巴努斯·莫鲁斯（Rabanus Maurus）的人文主义，千禧年恐慌的消退，对人生积极意义的全新认识，从封建社会到行会社会的演变，早期的十字军东征，商路的开辟，罗马风格盛行年间大量信众前往圣地亚哥—德孔波斯特拉朝圣，哥特式建筑的初现。人们对于物质外表再次产生兴趣，审美敏感性由此得到提升，此外人们还试图将这一新的世界观纳入神学正典中。在这几百年间，我们发现美开始获得超越的地位，虽然在最开始这个过程是半无意识的。比如在 11 世纪初，圣埃米兰的奥特罗将美的一个根本特征协和（consonantia）归于所有造物。[4]之后才逐渐出现了多种关于宇宙秩序和宇宙的音乐体系的理论，我将在后文中予以探讨。最后，有了圣堂长菲利普等人的追寻所提供的术语武器之后，13 世纪的中世纪人开始认真、细致地考察相关概念和它们之间的关系。

1228 年，奥弗涅的威廉的《论善恶》（*Tractatus de Bono et de Malo*）问世。[5]他在其中讨论了正直行为之美。他认为既然感官美

拉巴努斯·莫鲁斯

虔诚的路易

取自**《赞美神圣的十字架》**

840 年

梵蒂冈：梵蒂冈图书馆

[1] 这段对照译文出自 ET, I, p. 359。

[2] PL, 199, col. 259.

[3] ET, loc. cit.

[4] Otloh of St. Emmeran, *Dialogues de Tribus Quaestionibus*, chap. 43 (PL, 146, col. 120).

[5] 这部分引文出自 LB。

是取悦所见之人的事物（我之后将论及这一有趣的表述），那么内在美就是给领会它的灵魂以愉悦并“诱使灵魂去爱它”的事物。人类灵魂中的善“被称作 pulchitudo 或者 decor，因为它与外在可见之美两相对照”。道德美等同于善的观念继承自斯多葛学派、西塞罗和奥古斯丁，也很可能来源于亚里士多德的《修辞学》。[1] 威廉对此已然满足，没有进一步发展该理论。

对伪丢尼修作品的评论时常提及美和善的关系——比如托马斯·加卢斯·维切利（Thomas Gallus Vercellensis）的评论，年代为公元 1242 年。罗伯特·格罗斯泰斯特（Robert Grosseteste）的评论也来自同一时期（1243 年之前）。格罗斯泰斯特将美之名归于上帝：“如果任何事物都同时渴望善和美,那么善和美就是同一的。”[2] 但是他又补充道，虽然这两个属性在拥有它们的物体中相统一（也在上帝处相统一，它们的名字显现出从上帝到上帝造物的有益的创造过程），但是它们在理性上（在逻辑与概念上）有所不同：

> 上帝被称作善的，是因为他将存在赋予万物，而存在是善的，上帝增添、完善和保存。他也被称作美的，因为万物既就个体自身，也就万物构成的整体，在与上帝的同一性中生成和谐。

善被归为上帝，因为他是存在的源头，将万物置于存在中；美被归为上帝，因为他是创造的“组织因”。看待上帝的这种方式对美学也极为重要。值得注意的是，圣堂长菲利普对于统一性和真的区分被格罗斯泰斯特修改采用，以区分善和美。

1245 年，一部至关重要的作品面世，尽管格罗斯泰斯特似乎在出版之前就已经读过了。该书虽然通常被称作哈勒斯的亚历山大的《神学大全》，但作者实际上有三人：拉罗歇尔的约翰（John of

作为几何家的上帝
取自**《教导圣经》**
约 1220—1230 年
维也纳：奥地利国家图书馆

［1］“高尚的事是本身可取而又值得称赞的事，或本身既好而又由于好而使人愉快的事。如果这就是高尚的事的定义，那么美德一定是高尚的，因为美德是好东西，而且是值得称赞的。”Aristotle, *Rhetoric*, 1366a 33.［译文引《罗念生全集（第一卷）》，罗念生译，上海人民出版社，2004 年，第 176 页。——译注］
［2］此处和以下引文出自 LB。

la Rochelle），亚历山大本人，及未确认身份的“相关兄弟”。[1] 它根本性地解决了美的超越性问题，并且确立了美与其他价值的区别。拉罗歇尔的约翰问道：就感知者的意向性（intentio）而言，善和美是否同一？这一问题十分新奇。他基本上理所当然地认为事物本身的善与美是同一的，并赞成奥古斯丁的观点，认为高尚（honestum）属于智性美的领域。然而，美与善又有所不同，“因为美是善的一个倾向，它取悦理解，而严格来说，善取悦感受”。[2] 他接着补充道，善与终极因有关，美与形式因有关。亚历山大在《神学大全》中使用形式（forma）一词时采用的是亚里士多德的含义；它指称生命的实质原则。于是，真和美的定义都以形式为依据：真是与事物的内在特质有关的形式倾向；美是与外在特质有关的形式倾向。如此，美就有了全新的基础，因为真、善、美都是可以互相转换的。它们只是在理性（概念和逻辑层面）上有所不同。

这些观点虽然与格罗斯泰斯特的观点有明显的相似之处，但也有着重要的不同。格罗斯泰斯特也曾

［1］Alexander of Hales, *Summa Theologica* (Florence, 1924, 1928, 1930, 1948).

［2］Alexander of Hales, I, n. 103.

说过，善和美在理性上不同——但是他在这里说的区别，存在于创造者的头脑中和创造的过程中。在亚历山大的《神学大全》中，理性的区别是一种意向性的区别。于是，美根据与认识主体的联系而被定义。此外，格罗斯泰斯特认为善和美是上帝之名，所以在弥漫着神性的一体生命中是同一的。而在《神学大全》中，这两种价值主要基于事物的具体形态。

然而，当时的人们依然不觉得有必要将美加入超越的名单中。《神学大全》的诸位作者没有这么做，无疑是因为经院哲学家总是过于谨慎，不愿公开、明确地欢迎哲学创新。所有后继哲学家也都或多或少地同样谨慎。因此，圣文德在其几乎无人注意的小册子中，似乎显得尤其大胆。[3]他在该作品中明确谈及“存在的四个条件，即统一、真、善和美”。他如此解释这四个条件的相同与不同：统一（unum）与动力因有关，真（verum）与形式因有关，善

第 042 页

彩色玻璃中的罗伯特·格罗斯泰斯特

19 世纪

盖恩斯伯勒：圣保罗教堂

第 043 页

天文钟

12 世纪

沙特尔：沙特尔主座教堂

[3] See F.-M. Hequinet, ‘Un Brouillon autographe de S. Bonaventure sur le commentaire des sentences’, *Études Franciscains*, XLIV (1932), pp. 633—655, and XLV (1933), pp. 59—82. 此处引文出自 LB。

（bonum）与终极因有关，但美（pulchrum）“包含所有因，为每一种因所共有……与每一种因都有关”。简言之，用马里顿的话来说（虽然马里顿似乎没读过这一段），圣文德将美定义为“所有超越合一的光彩”。[1]

不过，亚历山大的《神学大全》所蕴含的创新萌芽虽并不明显，却比以上所述更为激进。我们已经谈及的这两个论点，即美基于物体的形式，美以自身与认识主体的关系被定义，之后将由他人发展完善，其中第一人是阿尔伯图斯·马格努斯（Albertus Magnus）。在他对《论圣名》第四章（很长时间以来以《论美与善》之名被归为阿奎那的作品）的评述中，阿尔伯图斯写道：“任何实存的事物都参与美和善。”[2]这等于是说美是超越的。但是接着，他基于亚里士多德的思想定义了美。在重申了亚历山大《神学大全》中提出的学说，称“美与善在主体中同一……但是在理性上不同……善因意向性而与美不同”之后，他给出了那句关于美的著名定义：“美的本性通常在于形式的光辉，而不论它是在物体、人类抑或活动的秩序协调的部分。”显然，美在这里被归于所有事物。但是，除去情感的激越以外，美还有着形而上学的支撑。美作为形式的光辉存在于事物之中，这形式根据比例的标准安排物质，并在闪耀中揭示排序活动。他写道：“美不存在于物质部分，而存在于形式的光辉。”所以：

> 就像有形的美需要各部分拥有合适的比例和灿烂的色彩……普遍美的本性要求万物及其元素、原则有共同的比例，且因形式的鲜明而辉煌。

我们在这里看到，通过文化传统延续下来的对于美的经验性构想，被综合进关于美的精确、严谨的哲学定义中。这种形质论学说也能容纳源自《智慧书》的多组三联词：如**尺度**、**本性**和**秩序**，**数量**、

美窗蓝圣母
12 世纪
沙特尔：沙特尔主座教堂

[1] J. Maritain, *Art and Scholasticism*, translated by J. F. Scanlan (London, 1930), p. 132, n. 63b.

[2] 此处与以下引文参见 Albertus Magnus, *De Pulchro et Bono*, in St. Thomas Aquinas, *Opera Omnia*, edited by Roberto Busa, 7 vols. (Stuttgart, 1980), VII, pp. 43—47。

重量和**度量**，现在皆已是形式的架构。因为假使完美、美和善基于形式，那么任何拥有这些属性的物体，必然拥有所有从属于形式的特性。形式由尺度决定，于是也就由**比例**和**度量**决定。形式将本质赋予事物，与其数量，即凝结其中的构成元素相一致。形式指导事物达成它的固有目的，这目的与其**秩序**相宜，并因事物的**重量**向其倾斜。

这是一套复杂而清晰的理论。但是，阿尔伯图斯所不承认的是，他不认为物体与认识主体的关系可能是美的构成元素。与亚历山大《神学大全》的美学不同，他的美学是严格客观主义的。在某一处，他反驳了西塞罗所说的美应该根据人对美的构想而定义。[1] 他说，美德具有的鲜明性*令它美丽，即便无人识之依旧是美的。形式由鲜明性决定，它并不源自人怎么构想它，而是源自它固有的光彩。当然了，由于这份鲜明性或光彩，美便是知识的对象，但由于这份知识是一种派生的可能性，它就不是本质的组成物。

第 046 页
林堡兄弟
六月
取自**《贝里公爵的豪华时祷书》**
约 1412—1416 年
尚蒂伊：孔蒂博物馆

第 047 页
希尔德加德·冯·宾根
宇宙
取自**《认识主道》**
约 1175 年
已佚失

[1] 阿尔伯图斯在这里指的可能是：Cicero's *De Officiis*, I, 27, § 95。

* 鲜明性（claritas）是中世纪美学里的一个重要概念，指感官尤其是视觉对色彩所感的性质，包含色彩的鲜艳、明亮和单纯。——译注

这里所涉及的区别很大。但是，在这种客观主义背后还有另一种客观主义。对于阿尔伯图斯来说，美不需要人的帮助也不受人的阻碍，美客观地存在于事物之中。另一种客观主义也认为美是一种超越特性，但这特性只有处在与认识主体的关系中才能得到披露。这便是圣托马斯·阿奎那的客观主义。它代表着我们在人文主义的方向上迈出了一大步。

阿奎那并不是刻意且带着充分的批评意识，主动去发展一套全新的美的理论。但是他将所有传统学说汇总纳入自己的体系，给人以这样一种印象。为了方便理解，我们可以将经院哲学体系——阿奎那的体系无疑是其中最全面成熟的——比作一台电脑；当我们为这台电脑输入所需要的数据，任何问题都必然能得出一个完整的答案。然而只有在限定于这台电脑的逻辑和理解事物的思维中，这个答案才可算完整——也就是说，阿奎那的《神学大全》就是一台中世纪电脑。但是问题在于，作者本人都没有意识到其思想的所有隐含意味，而这套系统能超出他的意识，继续生产概念，回答问题。

中世纪美学传统产生了许多理论，比如关于美的数学构想，关于光的审美形而上学，关于视觉的某种心理学，将形式构想为因和愉悦的光辉。随着我们一步步了解这些理论，探究它们是如何被发展出来、如何得到讨论、如何被重新评价的，我们将更好地了解 13 世纪的人发展至怎样成熟的程度，并认识到所有各不相同的问题和解决方法如何都具有一种系统性的统一。

卡洛·克里韦利

圣托马斯·阿奎那

1476 年

伦敦：英国国家美术馆

第三章

比例之美

一

“什么是身体之美？身体之美，即身体各部分的和谐，以及色彩的悦目。”[1]这是圣奥古斯丁对中世纪一条核心理论的阐述。这与西塞罗的观点很接近：“于人体，四肢的某种匀称形态，加上色彩的某种魅力，便可称为美。”[2]如此，他便总结了“色彩和匀称”（χρώμα καί συμμετρία）一词所体现的斯多葛学派传统和古典传统。

在这种美学中，最古老、最根基深厚的概念是比例或数字的“和谐”，这种概念最早可追溯至前苏格拉底时代。[3]它表达了一种对于美的本质上量化（quantitativa）的构想，它在古希腊思想中一

第 050 页
凯尔特结

第 052 页
圣母子
约 1415—1417 年
纽约：大都会博物馆修道院分馆

[1] St. Augustine, Letter 3 (to Nebridius), *Letters*, vol. 1, translated by Sister Wilfred Parsons (Washington, 1951), pp. 6—11 (p. 9).

[2] Cicero, *Tusculan Disputations*, translated by J. E. King (London and Cambridge, 1950), IV, 13.

[3] “秩序和比例是美的，是有用的。”H. Diels, *Die Fragmente der Vorsokratiker*, 6th edition (Berlin, 1951—1952), I, 469.

次又一次出现——毕达哥拉斯、柏拉图、亚里士多德——并在波留克列特斯（Polyclitus）的“规范”学说和之后盖伦（Galen）对波留克列特斯学说的讲解中得到了最经典的阐述。[1]波留克列特斯的“规范”原本大量涉及实际的技术性问题，之后却卷入毕达哥拉斯猜想的旋流，并最终成为一种教条式的艺术和美的哲学的根基。原本学说中唯一留存下的是“美一点一滴地，由许多数字而来”的观点。[2]盖伦在总结这一规范时，将美定义为“美不存在于元素中，而存在于各部分形成的和谐比例中，存在于一根手指与另一根手指的比例，所有手指与手的余下部分的比例……所有部分与其他事物的比例，此乃波留克列特斯的规范所述”。[3]这一思路催生出一种简单、普适的美学理论，它传达出一种形式的，几乎是数学式的美的

宝座上的圣母子（手部细节）
约 1130—1140 年
纽约：大都会博物馆修道院分馆

门徒手形圣髑盒
约 1190 年
克利夫兰：克利夫兰艺术博物馆

[1] 关于波留克列特斯和盖伦的讨论，参见 Erwin Panofsky, *Meaning in the Visual Arts* (Harmondsworth, 1970), pp. 90—100。
[2] Erwin Panofsky (1970), p. 96.
[3] Erwin Panofsky (1970), p. 92.

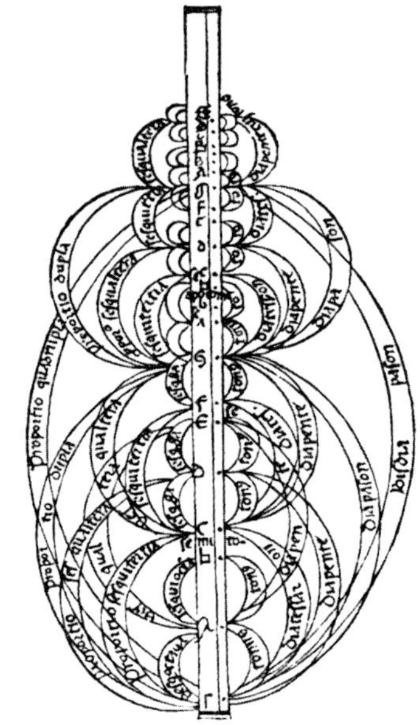

弗兰基诺·加富里奥
《音乐理论》
1492 年
米兰：布雷登斯国家图书馆

弗兰基诺·加富里奥
毕达哥拉斯的音乐实验
取自**《音乐理论》**
1492 年
米兰：布雷登斯国家图书馆

概念。它的许多变体都可简化为一个根本原则，即多的统一。

中世纪比例理论的另一源头是维特鲁威。从公元 9 世纪开始，维特鲁威就时常被哲学和技术手册引用。毕竟是他为这些手册提供了“比例”（proportio）和“匀称”（symmetria）等一系列词汇，以及许多关于比例美学的阐述，如“比例重在确定一个固定点，既要考虑建筑的各部分，又要考虑整体”，以及他还将比例定义为“作品细节中生出的适当和谐；每处细节身处众多细节中与整体设计形式的一致”。[1] 13 世纪，博韦的樊尚在其《自然之镜》中发展了维特鲁威的人体比例理论。[2] 这一作品在精神上相当希腊化，因为它包含了众多的规则。根据这些规则，一件美物的尺寸由各尺寸之间的关系决定，而不是由尺寸与抽象数字统一体的关系决定。比如，脸的长度据说应是身体长度的十分之一。此处，比例的构想并不基于抽象的数字，而是一种有机、具体的和谐。

经由这些源头，比例的理论降临中世纪。在古典世界和中世纪世界的交界处，是圣奥古斯丁和波爱修斯。他们两人所传播的都是

[1] Vitruvius, *On Architecture*, translated by Frank Granger (London, 1931—1934). III, 1. 1 and I, 2 4.

[2] Vincent of Beauvais, *Speculum Naturale*. H. O. Taylor, *The Medieval Mind*, 2 vols. (London, 1911), II, pp. 315—322 以小篇幅讨论了这部作品及其作者。

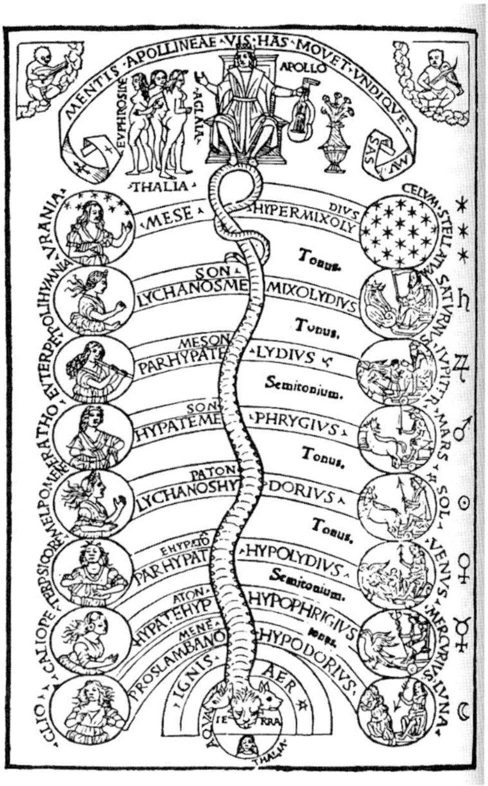

弗兰基诺·加富里奥

宇宙音乐

取自**《音乐理论》**

1492 年

米兰：布雷登斯国家图书馆

比例哲学中更为毕达哥拉斯主义的侧面，因为他们都主要在音乐理论的语境中谈论比例。[1]在波爱修斯的写作中，我们也发现了一种中世纪思维的典型特征：他所说的“音乐”指的是乐理的数学科学。他认为真正的音乐家就是理论家，是声乐的数学法则的学徒。乐器演奏家则是其不自觉的仆人。作曲家处理的是直观的领域，他并不知晓那不可言喻的美，但理论可将其揭示：“他生来就有作曲的天赋，它不来自推断和理性，而是来自一种天然的本能。”[2]音乐家之名主要属于凭借理性评判音乐的人。波爱修斯似乎在颂扬毕达哥拉斯懂得如何“忽略耳朵的判断”[3]来研究音乐。他体验音乐的方法是科学式的，这也是中世纪早期的一般方法。

不过，这一抽象的比例概念，之后依然引至了对感觉经验的实

[1] 在中世纪，毕达哥拉斯被视作音乐史上最杰出的人物。

[2] Boethius, *De Institutione Musica*, edited by Godofredus Friedlein (Leipzig, 1867), I, 34.

[3] *De Institutione Musica*, I, 33. 但是同样在此处，他也如此描述某些音乐理论：“我已经用数学和耳朵的判断证明了这一切。”

际结构的问询；而对创作行为的日渐熟悉，也引至更具体的比例观念。我们也须谨记，对波爱修斯来说，比例概念来自古典传统，所以他的理论不仅仅是抽象的创造。波爱修斯之所思，即一位处于灾难深重时代的敏感知识分子之所思。在他眼前，那些似乎不可替代的价值观正在分崩离析，古典世界正在逝去，而这双眼睛的主人是最后的人文主义者。那是一个蛮荒的时代，文化教育正在从人们的生活中消失。欧洲的分裂到达了最可悲的时刻。波爱修斯在不会被消灭的价值观（数字的法则）中寻求避难。无论发生什么，数字的法则都将统领艺术和自然。甚至在他对世界之美抱有最乐观心态的时候，他都如同圣贤一般，以对数学本体之美的欣赏，隐蔽着对于现象世界的不信任。因此，当比例之美传承至中世纪时，它似乎是一条不言自明的信条。不过，到最后它还是促使许多人主动地证明它，并且由此取得了卓越的成果。

波爱修斯的音乐理论对当时的人来说并不陌生。毕达哥拉斯发现，铁匠用锤子敲击砧铁时会发出不同的声音，而这一区别与锤子的重量成比例。于是，声音由数字统辖，至于声音是被当作物理现象还是艺术现象则无关紧要。“协和，掌控所有音乐制式，”波爱修斯写道，“离声音则不存。”[1]在另一处，他也将协和定义为“彼此不同的声音的统一和谐”。协和让听者感到愉悦，因为“协和是一组悦耳的、统一的、高低不同的声音”。[2]

至于音乐的美学体验，也基于比例原则。因为人类本性便会避开不协调的调式，屈从于协调的调式。教育理论为这个观点提供了佐证，称不同的调式对人有不同的影响。一些节奏刺耳，而另一些则温和；一些适宜于儿童，而另一些则情欲绵绵。波爱修斯提醒我们，斯巴达人相信他们可以用音乐影响灵魂，而毕达哥拉斯曾经用下弗里吉亚调式扬扬格节奏的旋律让一个烂醉的年轻人镇定并清醒过来；弗里吉亚调式则可能会让他兴奋过度。毕达哥拉斯派传人会用某些摇篮曲助眠，醒来后他们也借助音乐让自己焕发精神。

波爱修斯用比例的理论解释所有这些现象。他说，灵魂与身体

［1］此处以及以下几处引文出自 *De Institutione Musica*, I, 3。
［2］*De Inst. Mus.*, I, 8.

也服从于统辖音乐的法则，而这些比例在宇宙中也随处可得。微观宇宙与宏观宇宙由同一个结连接，它既是数学的结也是美学的结。人类服从于世界的尺度，并从万物服从之显现中获取愉悦：“我们爱相似，恨不同。”[1]

在中世纪美学中，人类精神中的比例理论经历了一些有趣的发展，不过引发中世纪人最奇特想象的仍旧是波爱修斯的宇宙比例构想。他的一个主要观点是，世界上存在一种宇宙音乐（musica mundana）——也就是毕达哥拉斯理论中的天体音乐，由七颗行星围绕静止的地球公转时所产生的和谐。根据毕达哥拉斯的设想，每一颗行星会产生音阶里的一个音，音高依据行星与地球的距离而定，也受行星公转速度的影响。它们共同产生出最精细的音乐，人类由于感官的不足，无幸听见。（摩拉维亚的哲罗姆做了一个让人相当不悦的类比，他说我们听不见这音乐，就如同我们无法达到犬类的嗅觉范围一样。[2]）我们从中可以发现中世纪在纯理论方面的不足所致的局限。因为显然，如果每一颗行星都产生音阶上的一个音，它们一同产生的声音会非常不和谐。中世纪理论家则深信数字的统一性，拒绝思考这一难点。整个中世纪，理论家都以柏拉图式的确定性来解释自己的体验；我们也得承认如此这般的科学式见解是无穷无尽的，就比如文艺复兴时期的天文学家推断出了地球会运动的前提，这样才能产生第八个音，使音阶得以完成。

另一方面，宇宙音乐的理论催生了更为具体的美之构想——美存在于宇宙循环中，存在于有规律的时间流逝和季节交替中，存在于元素的组成中，存在于自然的节奏中，存在于生命的运动和精神中：简言之，存在于微观宇宙和宏观宇宙的总体和谐中。

就这一囊括全宇宙的音乐和谐主题，中世纪人发展出了无穷无尽的变种假说。奥坦的荷诺里在《十二问题之书》中，用一整章解释“宇宙如同齐特拉琴一般有序，不同的事物如同和弦一般协

[1] *De Inst. Mus.*, I, 1.

[2] Jerome of Moravia, *Tractatus de Musica*, chap. 7, in *Scriptorum de Musica Medii Aevi*, edited by E. de Coussemaker, 3 vols. (Hildesheim, 1963; 1st pub. Paris, 1864—1867), I, pp. 1—94 (p. 13).

穹顶镶嵌画

约 547 年

拉文纳：圣维塔教堂

ECLESIVS EPIS

和”。[1]约翰内斯·司各特·爱留根纳评论说，造物之美来自相似与相异之间的协和，虽每一单独部分都无足轻重，但创世的整体和谐却产生了万物之美。[2]

二

在12世纪，并非所有此类推论都源自音乐理论。沙特尔学派忠于柏拉图的《蒂迈欧篇》遗产，由此发展出一套“蒂迈欧式”的宇宙学。不过，这套宇宙学也同时植根于一种半美学、半数学的世界观。正如图利奥·格雷戈里所写：

> 他们的宇宙图景是一种生长，而他们的思想资源既有波爱修斯的算术作品，也有奥古斯丁，而奥古斯丁认为上帝根据秩序和尺度安排世界——这一信念将“宇宙是和谐、连续的统一体”的古典概念与“神是生命、天意和命运”的信念两相结合了起来。[3]

关于万物的想象最初出现在《蒂迈欧篇》中：

> 神希望把宇宙造得尽可能与那个最完善完美的生命体一样，使它成为唯一的可见的生命体，并使一切有相同结构的生命体都包括在其中……最好的黏物是使自己和被黏物完全融为一体。要达到这种效果，我们需要找到一种连续的几何比例。[4]

对于沙特尔学派而言，上帝的造物是χόσμος（宇宙）——它是涵盖一切的秩序，与原始的混沌相反。自然是上帝活动的介质；如孔谢的威廉所说：“有某种力内在于万物中，它从相似物中制造出相

摩德纳的乔瓦尼
地狱壁画
1410年
博洛尼亚：圣彼得罗尼奥大教堂

[1] Honorius of Autun, *Liber Duodecim Quaestionum*, chap. 2 (PL, 172, col. 1179).
[2] John Scotus Eriugena, *On the Division of Nature*, Book III, passim.
[3] Tullio Gregory, *Anima Mundi* (Florence, 1955), p. 214.
[4] Plato, *Timaeus*, 30d and 31c.（译文引自柏拉图：《蒂迈欧篇》，谢文郁译，上海人民出版社，2005年，第21—22页。——译注）

似物。”[1]在沙特尔学派的形而上学中，自然不仅仅是寓言式的拟人象征，也是一种统领万物诞生和生长的积极力量。接着还有对世界的修饰（exornatio mundi）——这是创世之后，自然秉持其有机的复杂性在世界中启动，进行完善和完美的过程。“世界之美，”孔谢的威廉写道，“在于自成元素的事物，比如天空中的明星，空中的鸟儿，水中的鱼，大地上的人。”[2]也就是说，对世界的装饰或装配（ornatus mundi）在于对造物的整理；当造物开始依据重量和数量彼此区分，当它们开始在宇宙的恰当环境中呈现出形状和色彩，这便是对世界的装饰或装配。因此，即使是在这样一种宇宙理论中，装饰或装配（ornatus）一词似乎也意味着事物的个性化的结构。之后在 13 世纪，这一概念为一种注重形式观念的美学理论奠定了基础。实际上，宇宙的和谐就像是对（自然的和艺术的）个体形式之有机完善的扩喻。

在这一理论中，对自然的有机性质的敏感性，调和了数学的严苛逻辑。孔谢的威廉、沙特尔的蒂埃里（Thierry of Chartres）、图尔的伯纳（Bernard of Tours）和里尔的阿朗都不倾向于谈永恒不变的数学秩序，而是谈论有机的过程（其本性只有参照其创造者时才能得到最好的解释）。圣子是这一美学和谐的形式因或组织原则，而圣父是动力因，圣灵是终极因，既是爱与联系（amor et connexio），也是世界的灵魂（anima mundi）。统辖世界的是自然不是数字。关于这自然，里尔的阿朗写道：

> 噢，上帝之子，造物之母，宇宙的联结和稳固的关系，世间万物的灿烂珍宝，凡人的镜子，世界的光之信使：和平，爱，美德，指引，力量，秩序，法则，目的，方法，领导者，源头，生命，光，光辉，美，形式，世界的规则。[3]

基督升座
取自**《凯尔经》**
9 世纪
都柏林：圣三一学院图书馆

[1] William of Conches, *Dragmaticon*. Quoted in Tullio Gregory, p. 178.
[2] William of Conches, in *Timaeum*. Quoted in Tullio Gregory, p. 213.
[3] Alan of Lille, *The Plaint of Nature*, translated by James J. Sheridan (Toronto, 1980), p. 218.

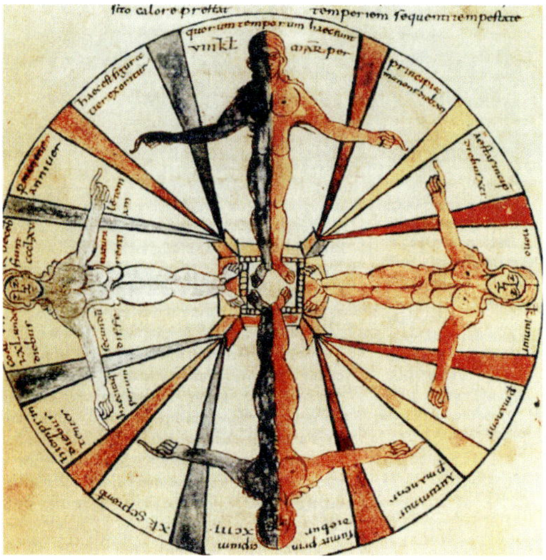

在这类或与之相似的宇宙和谐构想中，许多与世界负面特质有关的问题都有了解答，甚至丑陋也处在万物的和谐之中，通过比例和对照找到了它的位置。经院哲学的一个普遍观点便是美诞生于对照，甚至连怪物也因为参与宇宙音乐而获得某种正当性和尊严。恶本身也变得善和美，因为善从恶中诞生，并因为与其对照而更加夺目。

三

于是在12世纪，由毕达哥拉斯宇宙学而来的观念得到了发展和系统化。在这一过程中诞生了另一种理论，即 homo quadratus（字面意义为“方形人”）理论。它的源头与卡西底乌斯，尤其是马克罗比乌斯相关，马克罗比乌斯写道：“世界是大写的人，人是小写的世界。”[1]中世纪人热爱寓言，像这样使用数学原型对微观世界和宏观世界的关系进行描述便是一例。根据方形人理论，数字是宇宙的原则，数字所具有的象征意义，同时基于数值和美学的一致性。这一理论最初应用于音乐。因此，一位佚名的加尔都西会修道士说道，世界上有八个乐音，古代人发现了四个，现代人增添了四个：

> 他们［古代人］如此认为——由于自然采取四分法……世界分为四个地域，世上存在着四种元素、四种主要性质、四种

塞维利亚的圣依西多禄
四季，四种元素，与人的性质
取自**《论物性》**
约612—615年
慕尼黑：巴伐利亚州立图书馆

［1］Macrobius, *Commentary on ‘The Dream of Scipio’*, translated by W. H. Stahl (New York, 1952), II, 12.

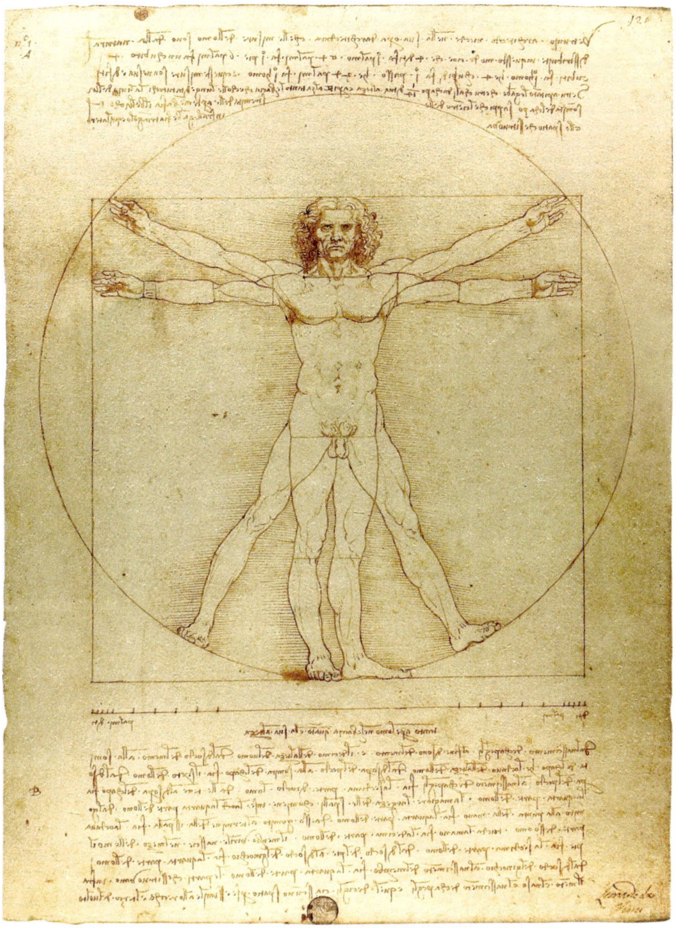

风、四种身体状态、四种灵魂的美德等等，故而因为它在自然之中，所以它应该在艺术中。[1]

实际上，当时的人们普遍相信数字四具有某种根本的意义。世界有四个方向、四种风、四个月亮盈亏的阶段、四季，“亚当”（Adam）包含四个字母，而且四是柏拉图所说的与火对应的四面体的基数。维特鲁威曾教导，四乃人的数字，因为人展开双臂的长度与身高等同，这便构成了正方形的长和宽。四是道德完美的数字，道德坚定的人被称为“四边形”（tetragonal）。可是，四方人（homo quadratus）也被称作五方人，因为五是另一个具有神秘意义的数

列奥纳多・达・芬奇
维特鲁威人
约 1487 年
威尼斯：学院美术馆

[1] *Tractatus de Musica Plana*, chap. 2, in E. de Coussemaker, II, pp. 434—483 (p. 435).

字，它象征着神秘主义和美学的完美。五是一个环形的数字。世界上有五种事物本质、五个基本区域、五种生命门类（鸟、鱼、植物、动物、人）。五是具有神性的数字，遍布《圣经》之中（《摩西五经》、五处圣痕）。数字五也能在人类身上找到，因为将人体的顶点用直线相连，会形成一个五边形［这一形象出现在维拉尔·德·奥内库尔（Villard de Honnecourt）的作品中，以及比这著名得多的达·芬奇的素描中］。圣希尔德加德（St. Hildegard）的神秘主义就基于比例的象征主义和对“五”的神秘痴迷。正是她谈论到自然的“交响”性质，以及对至高的体验如何以音乐的形式得到展开。圣维克多的修伊曾说，身体和灵魂反映神圣之美的完美，身体建立在偶数、不完美和不稳定之上，灵魂建立在奇数、稳定和完美之上。他进一步认为，精神生命基于数学辩证，而这辩证又建立在数字十的完美之上。[1]

为了进一步阐明这种“数字的美学”，我们可以来说说人们有时会误解的一件事。用“四边形”来指称道德上的正直，会让人觉得正直或诚实（honestas）的和谐被中世纪人喻为一种数字和谐，而更重要的是，它们被喻为行动和结果之间的比例关系。于是，中世纪人被谴责将美化约为功用或道德。但是，这种从微观宇宙与宏观宇宙的对比中萌生出来的伦理完美观念，实际上具有美学的属性。中世纪人并没有将美学化约为伦理，恰恰相反，中世纪人为道德价值观建立了美学基础。虽然在一定程度上这也会造成误会，因为数字、秩序和比例既是伦理和美学的，也是本体论的。如果一个人对一件事物采取默观而非行动，那么美学特质便占据主导；虽然默观总是因为与价值观的紧密结合而呈现“混杂”或“不纯粹”的状态。重要的是人的视角。博韦的樊尚说：

> 这个世界哪怕是最卑微的美都是何等伟大啊。时间的更替以无穷尽的递减与渐增的对称运动为表征，以诞生于死亡为标志。我这个心灵受到肉体玷污的罪人，得承认一想起这个世界的创造者与统治者，就产生一种精神上的甘甜之感，我用最为

哥特式教堂的正面

13 世纪

兰斯：兰斯圣母大教堂

［1］See ET, II, pp. 343f.

弹奏手摇风琴的人
12 世纪
奥伦塞：奥伦塞大教堂

> 敬重的态度对待神，因为我在神的创造之中看到了伟大、美丽与恒久。[1]

但是，博韦的樊尚将我们带入了 13 世纪。在此时，宇宙美学已成为一种更具体的形式美学。比例概念的范围得到扩展，经院哲学家（尤其是圣文德）在系统性原则的驱使下意图回归奥古斯丁的准则：数字的平衡或均等（aequalitas）；简单来说，即多的统一。

四

比例之美始于古典世界晚期和中世纪早期的音乐理论，它经过

[1] Quoted in H. O. Taylor, *The Medieval Mind*, II, pp. 347—348.（译文引自亨利·奥斯本·泰勒：《中世纪的思维：思想情感发展史》，赵立行、周光发译，上海三联书店，2012 年，第 942 页。——译注）

发展后开始采用日渐繁复的形式，并向日常艺术实践靠拢。在音乐理论中，比例的概念开始有了技术的意味；甚至早在9世纪，我们已然发现第一例关于对位法的哲学讨论。[1]然而，音乐史学家开始意识到，讨论中所使用的并非一般意义上的比例概念，而是某种具体的比例。公元850年前后，基于《哈利路亚》副歌的《欢庆赞美歌》开始使用附加段（trope）：而附加段的每一音节都会对应一段新的乐句旋律。这不可避免地引人思考音乐的比例问题。10世纪，音高纽姆记谱法（Diastema）诞生——这也就意味着音符［或者纽姆（neume）］根据音高被纵向地排列在乐谱上。在11世纪，我们发现二部复音音乐（diaphony）的两个声部不再同音，而是每一声部有各自的旋律。二部复音音乐催生了狄斯康特*，而后者又催生了12世纪伟大的发明：复调音乐。在佩罗坦（Pérotin）的复调音乐奥尔加农中，单个基调上可以谱写出复杂的乐章，就如同哥特大教堂直冲云霄的尖塔。中世纪音乐家正是通过这样的方式为音乐的古典概念赋予意义，它相比于波爱修斯的柏拉图主义抽象概念，确实要具体许多。和谐是“不同声音的恰当统一”（diversarum vocum apta coadunatio）[2]，它成为一种在生活经验里得到实现的技术性美学价值：“任何人如果想要创作一首康都曲†，就必须首先创作他心中最美丽的旋律。然后他必须基于此创作狄斯康特。”[3]形而上学的原则由此变为艺术的原则。后人认为美的形而上学与艺术理论从不交叠的观点是错误的。

实际上，文学也大量涉及有关比例概念的准则。在《新诗学》（*Poetria Nova*）中，文索夫的杰弗里认为，文学装饰由得体

[1] See the anonymous *Tractatus de Musica* in E. de Coussemaker, II, pp. 251—281.

* 狄斯康特（descant），一种中世纪音乐，一位歌手演唱固定旋律，其余歌手合以即兴演唱。——译注

[2] Hucbald of Saint-Amand, *Musica Enchiriadis*, chap. 9, in *Scriptores Ecclesiastici de Musica Sacra Potissimum*, edited by Martin Gerbert, 3 vols. (Hildesheim, 1963; 1st pub. St. Blasien, 1784), I, pp. 152—212 (p. 159).

† 康都曲（conductus），二声部或三声部的中世纪音乐，因其主调特点而与复调的经文歌曲不同。

[3] Franco of Cologne, *Ars Cantus Mensurabilis*, chap. 11, in E. de Coussemaker, I, pp. 117—136 (p. 132).

A l
le
lu
ya.
N a

（decorum）统辖；得体基于语音和心理的要求，是一种质性的概念，而非量化的概念。因此，将金子形容为金黄的（fulvum），将牛奶形容为清亮的（nitidum），将蔷薇形容为殷红的（praerubicunda），将蜂蜜形容为香甜的（dulcifluum），便是得体恰当的。[1] 简言之，风格应该与主题相称。得体的概念催生了描述型明喻的理论。因此，在描写自然秩序和人为秩序中的八个生命种类时，便有规则需要遵循。这是一种由许多作家共同阐释的诗学，如埃德蒙·法拉尔所说，"比如，他们明白通过双联画（diptych）和三联画（triptych）的对称性可以达到怎样的效果；他们懂得如何延迟叙事的进程，如何将多个同时展开的主题连接起来"。[2] 许多中世纪罗曼史作品都遵循这样的规则：美学原则先转变为诗学方法论，再转变为真正的写作技巧。与此同时，理论也在接近经验。中世纪的一个普遍文学原则是简洁（brevitas）。比如阿尔琴就曾在《论修辞学》中倡导简洁[3]，具体而言就是要删除一切多余的部分。如今我们在谈论想象文学的构建时，会谈论什么样的内容是"合适的"，而中世纪人则会用"比例"的概念。由于"比例"已然承载了多重意义，所以我们时常为之困惑。

接着，当转向造型艺术和具象艺术时，我们会再次发现对称的概念非常普遍，而这主要是因为维特鲁威的影响。博韦的樊尚追随他的足迹写道，建筑艺术包含了秩序、排列、协调（euritmia）、对称和美。[4] 比例的原则也是建筑实践中纹章符号的基础。这属于神秘学范畴，是一种比例的神秘主义。它发端于毕达哥拉斯学派，虽然由经院哲学祛魅，但依然作为一门纹章学问在工匠圈内延续了下来，赋予该行业以额外的意义，并保护其仪式和秘密。哥特艺术中之所以包含大量五角图案（特别是大教堂中的玫瑰装饰），这便是最有可能的原因。在中世纪，除了许多其他象征意义外［比如《玫瑰

佩罗坦
《哈利路亚》乐谱
取自**《圭尔法手抄本》**
1099 年
沃尔芬比特尔：奥斯特公爵图书馆

［1］Geoffrey of Vinsauf, *The New Poetics*, translated by Jane Baltzell Kopp, in *Three Medieval Rhetorical Arts*, edited by James J. Murphy (Berkeley, Los Angeles, London, 1971), see in particular p. 61.

［2］Edmond Faral, *Les Arts poétiques du XIIe et siècle* (Paris, 1924), p. 60.

［3］Alcuin, *Dialogue de Rhetorica et Virtutibus* (PL, 101. cols. 919—950).

［4］Vincent of Beauvais, *Speculum Doctrinale*, XI, 12, 14.

传奇》(*Roman de la Rose*)、玫瑰战争],五瓣玫瑰还是代表五的形象。虽然将与五有关的任何表现形式都视作某种神秘宗教的标记显然大错特错,但它肯定体现了一种美学原则或理想。石匠行会将其作为仪式的基础,这似乎又一次表明了人们在有意识地将工艺与美学联系起来。

在工匠用作"签名"的几何记号中,我们也有相似的发现。关于石匠行会(Bauhütte,神圣罗马帝国时期石匠、凿石匠和木匠师傅的秘密组织)的研究显示,他们的 signa lapidaria,即他们用于标记地基石等重要结构的个人符号,是基于固定图案或"格纹"而形成的几何记号。其中隐含着一种观念:只要找到了对称的中心就意味着找到了道路、真理和光明。美学惯例和神学学说又一次牵起了双手。比例之美确然是中世纪最卓越的美学。

即使是最基本形式的对称原则和标准,也植根于中世纪灵魂的本能。它甚至对中世纪圣像学产生了影响。圣像学起源于《圣经》和祈祷书,以及所谓的 exempla praedicandi。* 对称的需要时常须打

南面玫瑰窗
1163—1250 年
巴黎:巴黎圣母院

* 布道中用于说明观点的故事。在中世纪,许多这类故事出现在一些名为《示例书》(*Libri Exemplarum*)的选集中。

破传统，甚至违反最根深蒂固的观念，改变最不可违背的细部。因此，在苏瓦松主教座堂的一幅画中，我们发现东方三博士被省略了一个，因为第三个人物形象会破坏构图的平衡。相似地，在帕尔玛大教堂，我们发现圣马丁将他的斗篷分给两个而非一个乞丐。在加泰罗尼亚的圣库加特德尔巴雷斯修道院，良牧的形象由一人变为了两人。双头鹰和双尾人鱼的出现也是出于对称因素的考量。[1] 简言之，符号的布置须参考对称的需求。

中世纪艺术遵循的另一套相似法则是“框架”的法则。比如，人物形象必须恰好容得进门柱的形状、弧形顶饰的弧形面或柱头的主体。有时这种限制反而给形象增添了一丝优雅。于是，在圣但尼圣殿主座教堂的立面上，在代表各个月份的圆形浮雕中，为了适应圆形构图，收割庄稼的农民仿佛是在跳舞一样；有时适应框架能额

双头鹰图案

东罗马帝国约翰八世（1425—1448 年在位）使用

[1] See Louis Réau, ‘L’Influence de la forme sur l’iconographie de l’art médiévale’, in *Formes de l’art, formes de l’esprit*, by various authors (Paris, 1951).

维拉尔·德·奥内库尔

《画集》

18r，18v，19v

约 1230 年

巴黎：法国国家图书馆

nce li force des trais de
ture si con li ars de iometrie
augne · por legierem̄t ovrer ·
ture fiel st cil d le maconerie ·

外增添表现力，正如威尼斯圣马可大教堂的门廊雕像；除此之外，框架也有可能呈现出浪漫化或怪诞的结果，如城外圣宝禄大殿枝状大烛台的扭曲形象。实际上，这其中包含一系列极为复杂的因果关系，理论准则与艺术实践和创作习惯互相影响。中世纪艺术的许多特征，无论是风格化的、纹章的或是幻想的、畸形的，实际上都源于形式的要求而非表达的要求，这一点十分有趣。但这同时也并不是意外；形式正是艺术家的意图，以及所要考虑的重要因素，因为中世纪艺术理论一向注重形式构图，而不是感受和表达。

中世纪所有关于具象艺术的论述[1]都展现出一种野心，即想要在数学上将具象艺术提升至与音乐一样的高度。在这些论述中，数学构想被翻译为实践准则和构图规则，通常脱离宇宙学和哲学的矩阵，但通过品位和喜好的隐秘暗流与之联结。维拉尔·德·奥内库尔的《画集》或者《画像书》便是这种观点的上佳例证。[2]在他的作品中，所有人物形象都以几何形式构造，这么做的目的不是呈现出抽象的、风格化的样貌，反而是为了展现如何将生命力和动感赋予人物形象。形象的构思虽是哥特式的，但是它们表现出对于比例规则的回归，应和了维特鲁威关于人类身体的理论。在最后的分析中，德·奥内库尔对人物形象的几何构图——再次重申，是作为生动的、现实主义的绘画的方针和规范——可以被视为反映了一种美的理论。这一理论认为美存在于比例中，而比例揭示并产生于形式的光辉，形式意味着 quidditas，即事物的本质。

自从中世纪人发展出一套完整的美的形而上学之后，他们开始认为比例（因为它是美的一方面）也是美的超越本性的一部分。比例如同存在，无法用单一的定义解释，但可以在众多各异的层面上得到实现。正如存在的方式有无数种，事物遵循比例的方式也有无数种。即便中世纪文化实际上已经获得了这一观念的经验知识，这一比例观念仍然是对理论层面的比例概念的一次重大解放。比如在

[1] 两个著名的例子是 Cennino Cennini 的 *Painter's Manual of Mount Athos* 和 *Il Libro dell'Arte*。关于这两部作品，参见 Erwin Panofsky (1970), pp. 102f。

[2] *Album de Villard de Honnecourt*, edited by and annnotated by J. B. A. Lassus and Alfred Darcel (Paris, 1968).

音乐领域，人们已经学会在确定特定的调式之后，只要通过升调或降调就可以产生另一种调式。或者将吕底亚调式进行简单的逆奏就可以产生多利安调式。或者再以音程为例子——早在9世纪，圣阿芒的于克巴尔德（Hucbald of Saint-Amand）就认识到五度音程并不是完美的协和；但在12世纪，乐理书籍依然将其称为完美的协和。13世纪，三度音程加入了协和的行列。我们由此可以看出中世纪人是在经验的语境中理解比例的，他们通过不断发现让人愉悦的新体验来确定新的比例类型。

这一点在文学中也有所体现。早在8世纪，比德（Bede）在《格律的艺术》（*Ars Metrica*）中就阐述了格律和韵律的区别，它体现在音量诗和音节诗的区别上。他声称每种诗歌模式都具有其独特的比例类型。[1]在之后的几个世纪里，另有几位作者重申了这一点。[2]最终，当所有这些经验都在神学的形而上学中找到源头时，比例的概念就得以承载更为复杂的规定，我们接下来讨论阿奎那的形式理论时将会发现这一点。

比例之美始终是一种量化的美学。它永远无法充分地解释中世纪人对光和色彩的迷恋，因为这两种体验均为**质性**的经验。

[1] See George Saintsbury, *A History of Criticism*, 3 vols. (London, 1900), I, p. 404.

[2] 两个9世纪的例证为奥雷利安努斯·雷奥门西斯和欧塞尔的雷米。See Martin Gerbert, I, pp. 23 and 68.

雅各布·德巴尔巴里

卢卡·帕乔利修士与不知名青年的画像

约 1495 年

那不勒斯：国立卡波迪蒙特博物馆

BVR

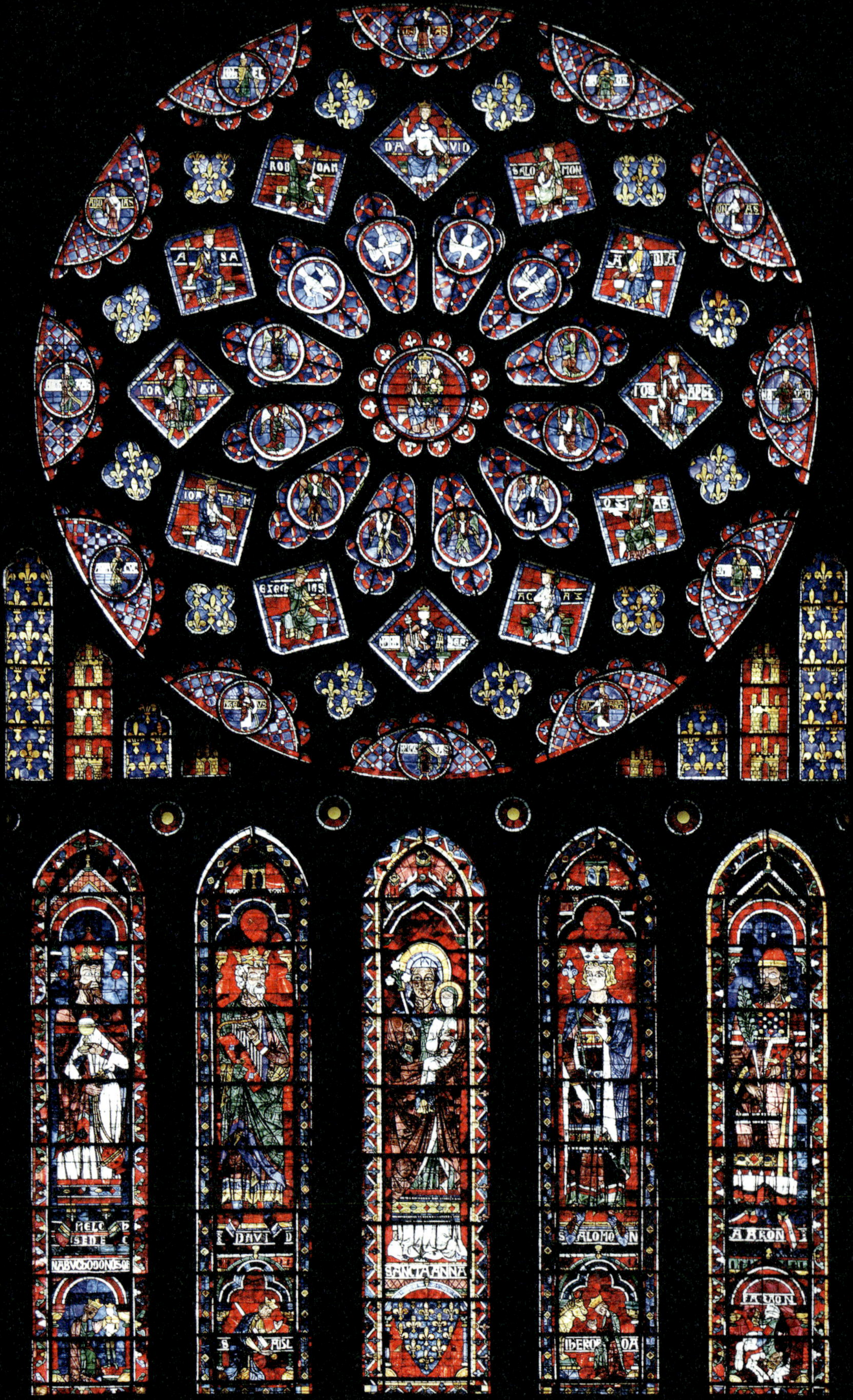
SANCTA ANNA

第四章

光之美

一

圣奥古斯丁在《论灵魂之伟大》中阐述了一种基于几何规律性的美学理论。他说，等边三角形比非等边三角形美丽，因为它们更“均等”（aequalitas）。正方形比等边三角形美丽。最美的则是圆，它没有棱角，圆周连贯的均等性不会被破坏。但在所有这些图形之上是点——它不可分，是自身的中心、开端和结局，是圆的生成源点，是所有图形中最美的。[1]

这种理论倾向于将比例的概念与由上帝的绝对同一引出的形而上情感相联系。圣奥古斯丁对于几何图形的讨论实际上是关于灵魂的“中心地位”的讨论。但是多重比例与上帝不可化约的完美联系起来，却为矛盾埋下了种子；这一矛盾便是量化美学和质性美学的矛盾，这是中世纪美学必须解决的问题。

在质性美学的体验中，最明显的表现便是中世纪人对于光和色彩的热爱。许多有趣的文献都证明了这一喜爱之情，而且它们揭露

第 080 页
北面玫瑰窗
12 世纪
沙特尔：沙特尔主座教堂

第 082 页
洛泰尔水晶
9 世纪
伦敦：大英博物馆

[1] St. Augustine, *The Greatness of the Soul*, translated by W. H. Stahl (New York, 1952), chaps. 8—11.

出与我们在前几章中考察的美学传统相冲突的事实。我们已经知道，中世纪理论家将美看作智性事物，一种数学式的性质，甚至当他们在谈论纯经验的事物时，比如对韵律的体验或人体的构造时，他们也有此类观念。但是当中世纪人谈论到对色彩的体验，对宝石、材料、花卉和光等对象的体验时，他们却对事物的纯感官特性表现出强烈的情感。他们对于比例的热爱最初表现为理论学说，后来才逐渐进入实践领域，形成准则。相比之下，他们对于色彩和光的热爱是一种自发的反应，具有典型的中世纪特征，直到后来才在中世纪人形而上学的系统里得到科学的表述。[1] 色彩之美在任何地方都被视作纯粹、单纯之美，是一种立刻可被感知且不可化约的美，这与比例很不相同。

饰有约翰·迪纳姆勋爵徽章的挂毯

约 1488—1501 年

纽约：大都会博物馆修道院分馆

[1] 不过在神秘主义者和大多数新柏拉图主义者的作品中，光总是一种对于精神实在的隐喻。

Aries. leo. sagittarius. sunt calida et sicca collerica masculina. Orientalia.
Taurus. virgo. capricornus. sunt frigida et sicca melanco lica feminina. Occidentalia.
Gemini. Aquarius. libra. sunt calida et humida masculina sanguinea. Meridionalia.
Cancer. scorpius. pisces. sunt frigida et humida flemmatica feminina. Septentrionalia.

中世纪对于光和色彩的喜爱，可用即时性和单纯性来概括。这一时期的具象艺术表现出一种与后续时期相当不同的色彩意识。它局限于简单的原色，有着一种与达·芬奇式晕涂法近乎相反的色彩明确性。它利用相映成趣的色彩组合产生独特的光感，而不是使用明暗对照法，使得色彩被光左右，甚至可以延伸至图像边缘以外。中世纪诗歌中的色彩也总是明确且不含糊的：草是绿色的，血是红色的，牛奶是雪白色的。每一种色彩都有最贴切的描述对象（比如殷红用于蔷薇）；尽管每一种色彩可以有许多种深浅，但不可以逐渐变淡或模糊形成立体感。中世纪的袖珍画证实了中世纪人对基础色以及色彩组合所带来的活力的喜爱。我们不仅在佛兰德斯画家和勃艮第画家的成熟作品中看到这一点，比如《贝里公爵的豪华时祷书》，也在更早的作品中对此有所察觉，比如在 11 世纪赖兴瑙岛的袖珍画中，“笼罩万物的金色光辉点亮了画面，丁香紫、海洋绿、沙砾黄、粉红色和蓝白色（赖兴瑙岛袖珍画的典型色彩）等冷峻明亮的色彩似乎闪耀着各自的光辉”。[1] 克雷蒂安·德·特鲁亚的文

第 084 页
林堡兄弟
宇宙人
取自**《贝里公爵的豪华时祷书》**
约 1412—1416 年
尚蒂伊：孔蒂博物馆

第 085 页
饰有斯芬克司的六角形瓷砖
约 12 世纪 60—70 年代
纽约：大都会博物馆修道院分馆

[1] André Grabar and Carl Nordenfalk, *Early Medieval Paintings, from the Fourth to the Eleventh Century*, translated by Stuart Gilbert (Skira, 1957), p. 206.

学文本《埃莱克和埃尼德》证明，诗人和画家的生动视觉想象之间有着共通之处：

> 他遵从命令为她取来斗篷和长袍，长袍以白貂毛皮为衬，一直缝至袖口。手腕处和颈带处是货真价实的半马克重的金箔，金箔之上满是五彩斑斓的宝石，有靛蓝色和绿色，有蓝色和深棕色……斗篷华美精致；两块黑貂毛皮围脖，流苏中使用了超过一盎司的金子；一条绣着红锆石，另一条上面的红宝石比燃烧的蜡烛更夺目。里衬是白貂毛皮；质地是世上绝无仅有的精致。布料上绣着精美的小十字架，每一个都不同，有靛蓝色、朱红色、深蓝色、白色、绿色、蓝色和黄色。[1]

当然，关于愉悦感官的色彩（suavitas coloris），这不是唯一证据。在拉丁语或地方语言的中世纪文学中寻觅一番，定会有巨大收获。但丁曾写到东方蓝宝石的迷人色彩；圭尼泽利曾写过谷物雪白色的表面。《罗兰之歌》将杜兰达尔圣剑描述为清亮铿白，它的闪耀与光辉可与太阳试比高。这样的例子数不胜数。[2] 除此之外，中世纪还发展出了一种艺术形式，将简单色彩之美与光之美结合出无与伦比的效果，那便是哥特大教堂的彩色玻璃。中世纪人对于色彩的喜爱在日常生活、服饰、装饰和武器中也是显而易见的。赫伊津哈在记述中世纪晚期的色彩敏感性时，写下了一段精彩的文字，说弗鲁瓦萨尔（Froissart）狂热地喜爱“装饰繁复的船队，其周身装饰着彩色饰带，艳丽的纹章旗帜挂在桅顶上飘扬，还有一些垂挂在水面上”。[3]《彩色纹章》中的段落赞美了浅黄色和蓝色、橙色和白色、橙色和粉红色、粉红色和白色、黑色和白色的并置。奥利维尔·德·拉马歇在作品的一个段落里如此描写一位女士：她穿着“紫罗兰色的丝绸衣服，坐在蓝色丝绸罩的马车里，三位穿着朱红色

第 086 页
瓜里恩托·迪·阿尔波
武装天使行列
约 1360 年
帕多瓦：市立博物馆

第 088—089 页
凡尔登的尼古拉
三王圣龛
约 1180—1225 年
科隆：科隆主教座堂

[1] Chrétien de Troyes, *Arthurian Romances*, translated by W. W. Comfort (London, 1914), p. 21.
[2] ET, III, pp. 9f 中给出了许多法语诗歌和普罗旺斯语诗歌的例子。
[3] J. Huizinga, p. 237.

丝绸衣服和戴着绿色丝绸头巾的男人驾驶着马车”。[1]

中世纪的色彩理论是其美学的一大源头，要全面理解这一点，就有必要了解当时的流行品位。大众对于色彩的普遍喜爱是深入且根本的，如果我们忽略这一点，就难免会觉得“色彩鲜艳的东西是美丽的”[2]这类说法过于幼稚肤浅。实际上正相反，在色彩领域，当时的哲学家反而被那个时代的感性所影响。圣维克多的修伊正是因此才说绿色是所有色彩中最美丽的颜色，它是春天的象征，是重生的形象。[3]确实，这里面有神秘主义的成分，但他并没有否定感官愉悦的成分。奥弗涅的威廉提出相同的观点，不过他的论证角度基于心理学：他说绿色处于使瞳孔扩张的白色和使瞳孔收缩的黑色的正中间。[4]

除去单色，哲学家和神秘学家也都普遍被光亮和太阳光所吸引。中世纪文学时常赞美天光和火焰的灿烂美好。哥特大教堂的一个基本结构原则规定，大教堂应让光线穿过镂空雕塑，投射进教堂。苏杰在一首诗中赞美了他所主持的教堂，他写到了这样一种通透感：

> 光彩熠熠的教堂，中殿明亮，
> 明亮之光的结合中，诞生新的明亮，
> 这弥漫着天光的圣殿啊，即是明亮。[5]

在诗歌领域，提及但丁的《神曲·天堂篇》便足矣。此作是中世纪热爱光的完美例证：在某些方面，它表达了中世纪的自发性——中世纪人经常以光的形象构想上帝，将光当作精神实在的原始隐喻——而在另一些方面，它被教父派经院哲学所影响。[6]神秘主义诗作在这方面是相似的。一方面，但丁会写：

[1] J. Huizinga, p. 259.
[2] S. T., I, 39, 8.
[3] Hugh of St. Victor, *De Tribus Diebus*, chap. 12 (PL, 176, col. 821. The treatise is given here as Book VII of *Didascalicon*).
[4] ET, III, p. 86.
[5] Erwin Panofsky (1946), p. 22.
[6] See Giovanni Getto, ‘Poesia e Teologua nel Paradiso di Dante’, in *Aspetti della Poesia di Dante* (Florence, 1966), pp. 193—235.

中殿
1139—1147 年
马尔马涅：丰特奈修道院

啊，它围绕着我，均匀澄澈，
那光辉在已有的光辉之上，
如同黎明初临，把地平线照亮。[1]

而另一方面，圣希尔德加德写道：

在美丽的旷野中发光的神圣造物，我是它生动、炽烈的本质。我在水中闪耀，我在太阳、月亮、星辰中燃烧。[2]

神以光的形象出现，这有着悠久的传统，从闪米特异教的巴力、埃及太阳神拉、波斯神祇马兹达（以上皆为太阳的人格化神明或者太阳善行之果）到柏拉图主义中理念的“太阳”——善。这一形象传承至新柏拉图主义，尤其是普罗克洛斯（Proclus），然后通过奥古斯丁进入基督教传统，再至经常将上帝誉为光（lumen）、火焰或光之源泉的伪丢尼修。不过对后期经院哲学产生影响的还有阿拉伯的泛神论者：伊本·巴哲、哈伊·本·乔坎和伊本·道法伊，经院哲学从他们的学说继承了光的闪耀本质，以及对明亮和美的狂喜。[3]

二

中世纪人对色彩的喜爱在形而上隐喻中和日常生活中都有反映。然而，中世纪人其实很清楚，这一对美的质性构想与基于比例的美学观念不完全相容。其区别已在圣奥古斯丁的观点中有所体现，而且他无疑注意到普罗提诺也持有相同的观点。只要让色彩引起的愉悦不进入批评领域，只要将光之隐喻的使用限于神秘主义和宜人却定义不清的宇宙学范畴，就可以避免冲突。除此以外，13 世纪的经

古斯塔夫·多雷（绘制），
斯特凡·帕内马克（刻版）
神曲·天堂篇
1868 年
伦敦：大英博物馆

[1] Dante, *Il Paradiso*, XIV, 67—69, translated by John Ciardi, *The Divine Comedy* (New York and London, 1970).

[2] Quoted in Charles Singer, ed., *Studies in the History and Method of Science* (Oxford, 1917), p. 33.

[3] See M. Menéndez y Pelayo, *Historia de las Ideas Estéticas en España* (Madrid, 1890), I, chap. 3.

院哲学还面临着另一个问题。他们对于光的构想来自多个源头，全部深受新柏拉图主义的影响；但是，之后他们又发展出两种光的哲学：一种是物理—美学的宇宙学，一种是形式的本体论。第一种路径的代表人物是格罗斯泰斯特和圣文德；取道第二种路径的则有阿尔伯图斯·马格努斯和圣托马斯·阿奎那。

两种路径的产生都有其必然性。反摩尼教的争论是一大促进因素。另一大因素则是新兴的科学思维的成熟，而科学思维为讨论引入了科学素材，其中尤以光学领域为甚。这是罗杰·培根（Roger Bacon）的世纪，他宣告全新的光学注定将解决所有问题。在《玫瑰传奇》（可以说是经院哲学最前沿的寓言式纲要）中，让·德·摩恩（Jean de Meun）曾以大段文字描摹彩虹的奇观和曲面镜的趣景——巨人和矮人体量颠倒，身形扭曲。这首长诗将阿尔哈曾（Alhazen）奉为光学领域最重要的权威；实际上，阿尔哈曾的《光学之书》确实是许多中世纪人对于光的思考的源头。这部光学作品可追溯至10世纪末或11世纪初，而其议题又由13世纪的威特罗在其《论光学》和《论智性》（此作品长久以来被认为是威特罗的作品，但如今被归至亚当·普尔克莱·穆里埃里斯名下］中延续了下来。当我们讨论中世纪的审美感知心理学时，这些作品将具有十分重要的意义。不过，将光的理论应用于形而上学和美学用途的人却是罗伯特·格罗斯泰斯特。

在格罗斯泰斯特的早期作品中，他发展了一种比例的美学。事实上，正是他对比例之美的构想做出了最精彩的阐述："美是一件事物与其自身的和谐与恰切，是每个部分与其自身、彼此和整体的和谐与恰切，是整体与所有其他事物的和谐与恰切。"[1]但是在后期作品中，他开始讨论光的理念。在《创世六日》（*Hexaemeron*）里，他试图解决美的质性构想和量化构想之间的冲突。他认为光自成比例，是最美的最佳比例："光自身是美丽的，因为它的本质单纯，而所有事物都与光相近。因此，它最协调、比例最和谐，且与自身均等：因为美在于比例的和谐。"[2]因此，同一性是最卓越的比例，是上帝

乔托·迪·邦多纳
接受圣痕的圣方济各
约1295—1300年
巴黎：卢浮宫

［1］Robert Grosseteste, *Comm. in Div. Nom*. Quoted in LB.
［2］Robert Grosseteste, *Comm. in Hexaemeron*. Quoted in LB.

不可化约之美的基础，也是光之源泉；“因为上帝极致单纯，与其自身达到最极致的协调和相称”。[1]

此处，从圣文德到圣托马斯·阿奎那，格罗斯泰斯特或多或少地为这一时代所有的经院哲学家引领了前路。但是，他自己的理论其实特别复杂且个人化。作为一位新柏拉图主义者，他坚持光的根本本质：在他的描述中，宇宙由一股独特的光释放的能量流所塑造，光既是美的源头，也是存在的源头。这与流溢说十分相近。这独特的光逐渐聚合、凝缩，从中产生天体和自然元素，由此诞生色彩的无穷渐变和事物的体量与活动。因此，比例正是光的数学秩序：光创造性地扩散自身，在由质料的阻力施加的诸多变体中成为物质。“因此，有形性要么是光自身，要么是通过分有光，以同一光的力量行动，由此执行前述活动，并将维度引入质料的中介。”[2]因此，在《蒂迈欧篇》所描述的宇宙秩序的源头，有一种近乎柏格森式的创造

威特罗

光学效果

取自**《光的数学原则》**

1525 年

慕尼黑：巴伐利亚州立图书馆

[1] *Comm. in Div. Nom.* Quoted in LB.

[2] 此处和下一处引文来自 Robert Grosseteste, *On Light*, translated by Clare C. Riedl (Milwaukee, 1942), p. 10。

性的能量流。“光因其本质向各个方向扩散，其方式可以让一个光点在一瞬间产生一片范围无穷大的光，除非被某个不透明的物体挡住了去路。”想要感知上帝创造的世界，也须感知其美，既要感受可被分析的比例，也要感受光的即时性。

在圣文德那里，光的形而上学也基于相似的前提。但是在解释光的本质和创造力时，他更贴近亚里士多德的形式质料论。圣文德认为，光是物体之为物体时的实体形式，是质料生成之时施加的第一种决定性：“光为所有天上、地下的物体本性上共有的……光是物体的实体形式；物体通过或多或少地分有光，获得其存在的真实或尊严。”[1]因此，光是所有美的原则，这不仅是因为它愉悦感官，而且是因为天上、地下所有色彩和亮度的变化都是通过光而存在。圣文德将光分为三个方面：lux、lumen，以及色彩或光辉。Lux 是光的“本质”，是所有运动无所不在的源头，它射进地底深处，形成矿物，播种下光之生命的种子。Lumen 是由透明的介质承载的、穿越空间的光。色彩或光辉指照射到不透明的物体而反射出来的光。严格来说，光辉指发光物体的光，而色彩指人世间物体的光。可见色彩诞生于两种光相遇的时刻，一种是不透明物体的光，另一种则是穿越透明空间的光。后者将前者实显化。光在其纯粹状态下是实体形式，因此是一种新柏拉图主义意义上的创造力。当光作为不透明物体的色彩或光辉时，它则是一种偶然形式。这一概念部分源自亚里士多德主义，也是圣文德在其思想框架中所能得出的最接近形式质料论的形式。对于阿奎那来说，光则是“来自太阳的实体形式的积极品质”。[2]透明物体能够接受和传播光，光由此获得一种“发光”的新状态：“透明物体分有的 lux 被称作 lumen。”[3]但是，圣文德所说的光虽然是物理的光，却主要并根本上是一种形而上的现实。

圣文德的学说含有神秘主义和新柏拉图主义的意味，这致使他强调光之美的宇宙性和狂喜特点。他所书写的最美的美学篇章描摹

[1] St. Bonaventure, *In II Sent.*, 13, 2, 2.
[2] S. T., 1, 67, 3.
[3] St. Thomas Aquinas, *Comm. de Anima*, II, 14, 421.

CERUBIN
SERA FIN
TRO NUS
SENI ORES
SOL
HICSOL OBSCURABITUR ET LUNA
INSANGUINE UERSA EST
HICUBI HOM
NES DICEBUNT
MONTIBUS
CADETE SUPNOS
ET COLLIBUS
COO
PE
RITE
NOS

了幸福的景象和天堂的荣耀。当人们死而复生时，人体的光将会闪耀出四种根本属性：发光的鲜明性，让其无法腐化的无痛苦性，让其可以瞬间移动的敏捷性，以及让其可以穿过透明物体的穿透性。原初的比例在天堂中升华，消解成一种纯粹的光辉；在光的神秘主义中，作为一种美学理想的方形人理想得以回归。

第 098 页
揭开第六封印
取自**《摩根版比亚托启示录注释》**
10 世纪
纽约：摩根图书馆 & 博物馆

第 100—101 页
穹顶
5 世纪末
拉文纳：亚略洗礼堂

贝里公爵的豪华时祷书

封面及一年十二个月

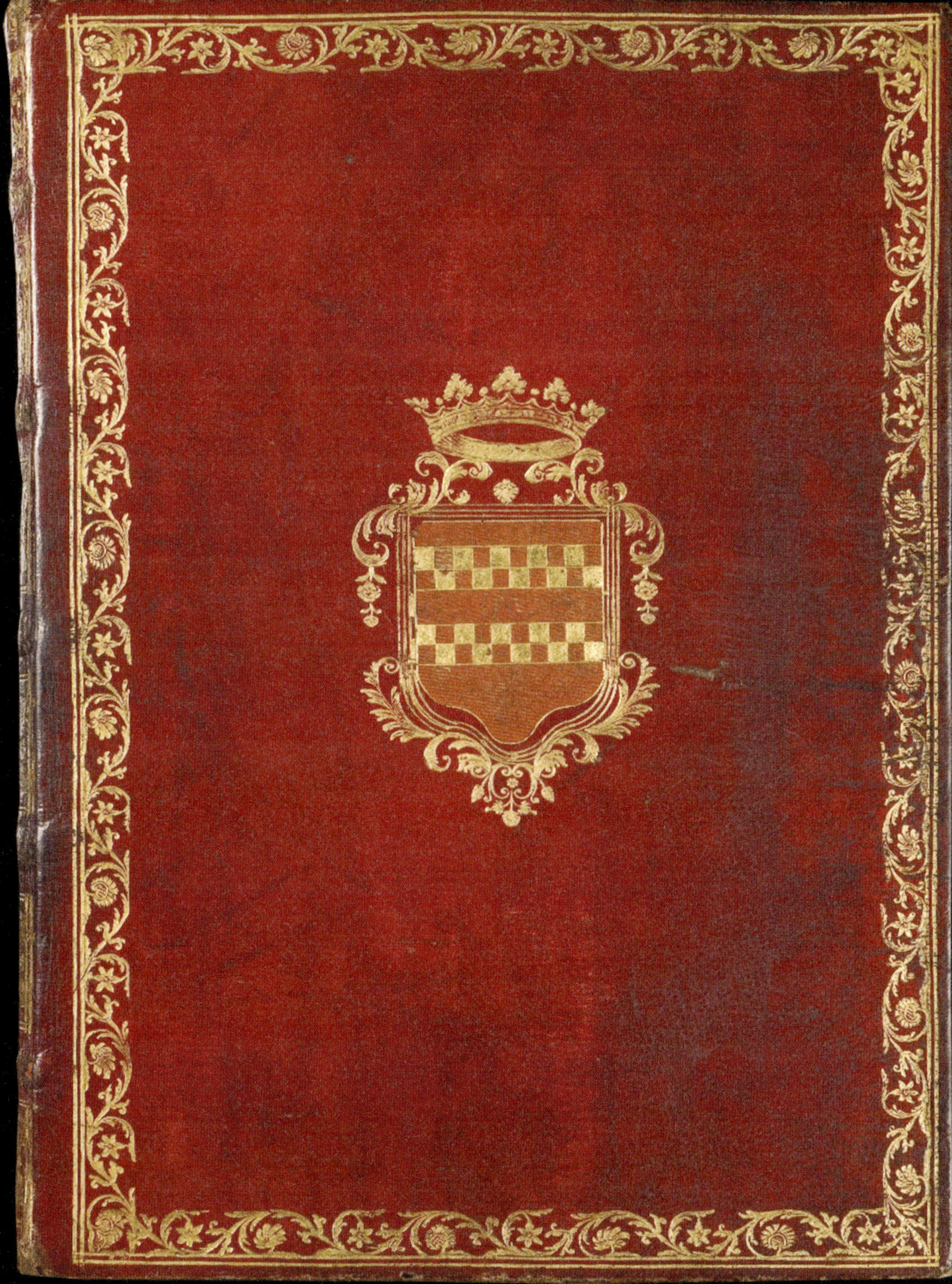

mensis.
Julij.
dies
Leonis.

virginis.
Libre.
mensis.
septembris.
Lune.
dies
Gradus.

第五章

象征与寓言

一

在13世纪，另一种基于形式质料论的美学理论横空出世。它试图将比例之美和光之美中实体美和形而上美共存的现象吸纳进来。但是，如果我们先行审视中世纪审美感性的另一个方面，我们将更好地理解这一理论的诞生环境。这恐怕是中世纪审美感性最为典型的一个方面，它最能概括这一时期，我们倾向于将其视为中世纪所独有。我们要谈论的是：中世纪有着通过象征和寓言来理解世界的倾向。

赫伊津哈对此做了精彩的分析，并补充说这是我们时至今日都还在延续的一种倾向：

> 中世纪思维最为笃信的真理莫过于圣保罗的以下这句话：我们如今仿佛对着镜子观看，模糊不清，到那时，就要面对面了。中世纪人从未忘记，如果万物的意义耗尽于其在现象世界中的功能和位置，如果万物的本质没有到达在此之上的世界，它们就会变得荒谬。即便撇开宗教信仰，我们对普通事物中藏有深层意义的观念也并不陌生。这与宗教信念无关：这是一种随时可能被雨滴落在树叶上的声音，或是被桌上台灯的灯光唤起的不确定感受。这样的感受可能表现为消极的压抑，让万物似乎化身威胁或谜团，诱使我们不惜代价去解决。又或者它会给我们带来安定感和信心，让我们感到自己的生命也与世界的隐含意义密切相关。[1]

第116页
独角兽在花园中休憩
约1495—1505年
纽约：大都会博物馆修道院分馆

第119页
建造巴别塔
取自**《贝德福德时祷书》**
约1410—1430年
伦敦：大英图书馆

在中世纪人居住的世界里，万物都充满了对上帝的指涉、提示、影射和表现。自然以纹章的形式与人们对话：狮子或坚果树可不只是看起来的那样；狮鹫像狮子一样真实，因为它们就像狮子一样代表着更高的真理。刘易斯·芒福德将此种现象描述为一种神经官能症[2]——这一形容在隐喻意义上当然是贴切的，因为它指出了中世

[1] J. Huizinga, p. 194.
[2] Lewis Mumford, *The Condition of Man* (London, 1944), pp. 138f.

耶罗尼米斯·博斯

尘世乐园

约 1480—1505 年

马德里：普拉多国家博物馆

纪思维方式中的扭曲和畸形。更准确地说，这是一种原始的思维方式：他们不擅于区分事物，倾向于将相似或相关的事物，而不仅仅是概念本身涵盖的事物归入某一概念下。实际上，这也并非纯粹原始的思维，而是古典时代神话创作思维的延伸，只是如今代之以富有基督教精神的新形象和新价值观。故而，它是一场由一种新的超自然之感、一种新的奇观之感所引发的复兴，而在古典时代晚期，当琉善笔下的神祇被荷马的神祇取代时，这种超自然和奇观之感曾一度衰落。

我们也可以将中世纪对神话和象征的偏爱视作一种波爱修斯式的逃避现实，只是它并不是发生在理论层面上，而表现为平民的寓言。无论对于城市或乡村而言，中世纪初期的“黑暗时代”都是压抑的：长年的战争、饥荒、瘟疫和早夭。千禧年的精神恐慌没有传奇故事描写的那么夸张和富有戏剧性，但是传奇故事本身受到了地方性焦虑和极度不安全感的哺育。为了解决这些问题，社会提出的一种方法是隐修制度（Monasticism），由此出现了一类稳定、秩序化、安宁的社会群体。但是，想象力以另一种方式回应了这一危机：它发展出象征的体系。在象征想象中，即使是最可怕的自然，也是上帝用来与人类对话、揭示事物秩序、给予超自然赐福、告诉人类如何在神圣的秩序中行事、如何升至天堂的字母文字体系。事物自身的无秩序、脆弱和表面的敌意可能会引发人类的不信任。但是事物不只是表面看上去的那样。事物是符号。希望由此回归世界，因为世界是上帝对人的话语。

一众基督教思想家同时也在试图证明尘世事物的正当性，或者它们至少也是一种救赎的方式。然而，寓言和象征可以阐释理论无法阐释的性质，可以让抽象且令人厌烦的学说变得可以理解。原始基督教就已经在用象征表述信仰原则；它之所以这么做是出于谨慎，为了避免迫害。比如，基督以鱼指代。然而，这开启了多种多样的想象和说教的可能性，并为中世纪人所笑纳。一方面，智力粗浅的人乐于将信仰转化为图像的形式；另一方面，神学家和教师也会将普通人难以理解的理论观念转化为图像。因此在中世纪，以图像和寓言吸引人、教育人的运动开展得如火如荼。苏杰是其中一位主要倡导者。奥坦的荷诺里也曾重申公元1025年阿拉斯教会会议的观

希尔德加德·冯·宾根
宇宙人的创造
取自**《神圣作品》**
13世纪复本
卢卡：意大利国立图书馆

点：图像是平信徒的文学。[1]通过这种方式，这种教育理论与时代的感性联系了起来，成为一种利用时代典型心理历程的文化政治。

对象征的喜爱对于中世纪的思维方式有着奇妙的影响。在一般情况下，中世纪人会就因果关系，从起源解读事物。但是中世纪人的头脑中也存在一种思维“捷径”，这种理解模式不将事物之间的关系看作因与果的联系，而是看作意义和目的织成的网。比如，他们会突然思维跳跃，认定白色、红色和绿色代表亲善，而黑色和黄色代表愧疚和悲伤。再比如，白色是光芒、永恒、纯粹和处子的象征——这其中对于性质的敏感性时至今日仍为我们所持有。鸵鸟成为公正的象征，因为其羽毛的完美均衡感意味着统一的观念。中世纪人认为鹈鹕以自己的血肉喂养雏鸟，于是鹈鹕成为基督的象征，因为基督以自己的血给予人类，将自己的肉身化作圣餐。独角兽如

被吐出来的约拿
约280—290年
克利夫兰：克利夫兰艺术博物馆

[1] Honorius of Autun, *Gemma Animae*, chap. 132 (PL, 172, col. 586).

果将头靠在处女膝上便可被处女捕获，所以它无疑也是基督（在玛利亚的子宫中受孕的上帝的唯一圣子）的象征。象征一旦被人接受，独角兽甚至可以变得比鸵鸟和鹈鹕更“真实”。

从根本上说，象征的诠释涉及本质间的某种和谐和类比。实际上，赫伊津哈就试图将其解释为一种用本质进行思考的能力：象征物和被象征的事物共有着某些可以被抽象化、可供比较的特征。因此，在荆棘中绽放的红玫瑰和白玫瑰，可让人想起在迫害者中散发着光芒的圣女和殉道者。一边是玫瑰和荆棘，另一边是殉道者和迫害者：他们共有着某些特性，白色的纯洁，红色的鲜血、严酷、残忍。如此，色彩被简化至本质，带有了独特、自主的价值。[1] 但是在更大程度上，象征诠释与得体关系有关。象征的形成带有艺术特质。要解读它们，就是要以审美的方式体验它们。这种审美表达让

狮鹫装饰板

1250—1300 年

纽约：大都会博物馆修道院分馆

［1］J. Huizinga, pp. 195f.

中世纪人乐在其中，他们喜欢解读谜语，发现大胆的类比，感受自己正加入一场伟大的冒险和发现。

按照伪丢尼修的看法，用全然不同的事物（狮子、熊、猎豹）象征上帝之物完全可以是恰当的，因为正是象征与被象征的不协调才令人醍醐灌顶、感到兴奋。[1]“表达的是一回事，理解的则是另一回事”：中世纪人对这一原则的反应，甚至比我们对诗性抒情的反应更敏感。比德曾说，寓言让灵魂兴奋，让表达生动，让风格有美感。我们虽然有许多理由不赞同这一品位，但是我们不应该忘记它恰恰符合中世纪人的品位，而且是能够满足他们审美需求的一大根本模式。实际上，这种时常将自然和超自然联系起来的做法，源于中世纪人对比例的无意识追寻。在象征主义的宇宙中，任何事物都在其适当的位置上，因为任何事物都在回应其他事物。在这样和谐的体系里，蛇既可以等同于谨慎的美德也可以象征撒旦。这是一套符号和指涉的复调系统。基督及其神性可由许多种生物象征，每一种生物都指明耶稣存在于不同的位置上：在天堂，在山顶，在田地，在森林，在海中。而耶稣的象征符号包括羔羊、鸽子、孔雀、公羊、狮鹫、公鸡、猞猁、棕榈树，甚至是葡萄串——这确实是图像的大复调。“几乎每个理念都被众多其他理念围绕，形成匀称的形象，就像是万花筒中的景象。”[2]

二

因此，中世纪的象征主义表达了一种对这个世界的审美构想。但是，中世纪的象征主义实际上有两种。第一种是**形而上象征主义**，它与在世界之美中识别上帝之手的哲学习惯有关。[3]第二种是**普世寓言**，它把世界理解为一件神圣的艺术作品，其中的任何事物都具有表面意义之外的道德意义、寓言意义和类比意义。目前，我在上

在锡安山上崇拜神秘的羔羊
取自**《法昆德斯版比亚托启示录注释》**
11 世纪
马德里：西班牙国立图书馆

[1] Pseudo-Dionysius, *Cêlestial Hierarchy*, II.
[2] J. Huizinga, p. 198.
[3] 埃德加・德・布吕纳写道，形而上象征主义是“存在参与的美学表达”。*L'Esthêtique du moyen age* (Louvain, 1947), p. 93.

+SANCTV

POLENARIS

文所讨论的都是普世寓言。

形而上象征主义植根于古典时代。马克罗比乌斯曾写道，事物的美如同一面镜子，反映出神明的手笔。[1]新柏拉图主义基本上也持有相似的观点。而在中世纪，为形而上象征主义做出最佳阐述的人，是步伪丢尼修后尘的约翰内斯·司各特·爱留根纳。对于爱留根纳而言，世界是一次伟大的圣灵显现，世界通过原始因和永恒因显现上帝，并为诸因赋予感官之美。“依我判断，”他写道，“凡可见、有形之事物，没有什么不能指代无形、智性之事物。”[2]上帝的创造力非凡且不可言喻，在每一种生物中都起着作用；上帝由此显现和揭示自己，虽然他只能被隐秘地知晓，且最终依然是难以领悟的。上帝是永恒的原型，是所有存在的不可改变的因，他借由圣言运作。圣言被爱的气息激发，在原始混沌的黑暗中富有创造力地扩散。

> 一神，一善，一光，在万物中扩散，令其完整地存在；在万物中闪耀，令所有人可以知晓和热爱他的美；主导万物，令万物可以完满地涌现，令万物可以在上帝中为一。因此，所有光之光皆来自圣父。[3]

我们只需眼观尘世的可见之美，就会想起圣灵显现的巨大和谐、原始因和圣父圣子。永恒的面孔通过尘世的万物闪耀，因此我们可以将它们视作一种隐喻。在这里，我们发现了从形而上象征主义到普世寓言的过渡；实际上，爱留根纳就考虑过这样一种过渡。但是，他在研究自然时只能依托哲学而非幻想，他以神圣分有理论思考本体论的价值观，他倾向于贬低有形，偏爱真实、独特的理念现实，这些因素也就决定了其美学思想的基本特点。他所构想出的理想领域在本质上是超出我们之所及，超越我们的理解的，因为它与上帝本身一致。这让他的美学成为中世纪柏拉图主义中成果最丰硕的篇章。但是，这与源自亚里士多德的形式质料论的实质美本体论相去甚远。

第 128—129 页
拱顶镶嵌画
6 世纪
拉文纳：克拉塞的圣亚坡理纳圣殿

第 131 页
《地图诗篇》
约 1262—1300 年
伦敦：大英图书馆

[1] Macrobius, *Commentary on 'The Dream of Scipio'*, I, 14.
[2] John Scotus Eriugena, *On the Division of Nature*, V, 3.
[3] John Scotus Eriugena, *Super Hierarchiam Coelestem*, chap. 1 (PL, 122, col. 128).

独角兽越过溪流

约 1495—1505 年

纽约：大都会博物馆修道院分馆

另一份关于形而上象征主义的记述来自12世纪的圣维克多的修伊。对他而言，世界就“像一本由上帝之手写就的书”。[1] 人类对美的敏感性最终导向了智性美的发现。声音和图像、气味和触感的愉悦，让我们直面世界的美，由此在其中看到上帝的倒影。修伊在评论伪丢尼修的《天阶序论》时延续了爱留根纳的主题，并且尤其强调了美学的内涵：

> 所有可见的事物，当它们以明显的象征方式与我们对话时，当它们被以比喻的方式诠释时，它们就可指涉不可见的意义和陈述……因为可见物之美在于可见形式中……可见之美便是不可见之美的图像。[2]

修伊的理论比爱留根纳的更为详细。他更有批判性，以相似性的美学概念为象征主义原则的根基。修伊对尘世之美的不足，有着一种近乎浪漫主义的感触，这促使他思考这种不满足感乃是一种对于上帝的渴望。它与现代人面对强烈之美时产生的忧伤情绪不无相似之处；但是，这只是一种人类基本心态的模糊相似性，即便在完全不同的文化中也可能涌现。修伊的忧伤更接近神秘主义者的极度不满足，而它是由尘世的事物所引起，其过于强烈，以至于我们不能仅仅将其诠释为对于世界的智性拒绝。维克多派的美学甚至通过默观的生动构想，为丑陋赋予象征价值，而这也许与浪漫主义意义上的反讽有着相似性。因为当灵魂直面丑陋时，它无法达到满意，因此也就摆脱了美所创造的幻象。它也就自然地引导人们渴望真实、不变的美。

三

从形而上象征主义到普世寓言的过渡，不能用逻辑或历史的话语来阐述。我们也许会认为将象征具化为寓言的过程发生在某些文学传

敌基督之表
取自**《比亚托启示录注释》**
约1180年
纽约：大都会博物馆修道院分馆

[1] Hugh of St. Victor, *De Tribus Diebus*, chap. 4 (PL, 176, col. 814. See n. 9, Chapter IV above).
[2] Hugh of St. Victor, *In Hierarchiam Coelestem*, II (PL, 175, col. 949).

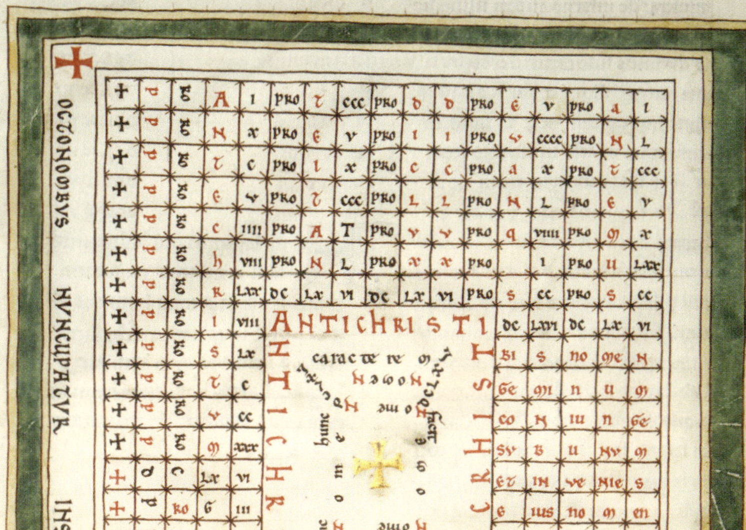
OCTONOMEUS NUNCUPATUR IN SEPTEM REGNA QUI EST BESTIA
ANTICHRISTI
ANTICHRISTI
ANTICHRISTI
ANTICHRISTI
CUM SEPTEM CAPITIB' ET .X. CARNIB' SERPENS

统中，但是在中世纪，两者是同时存在的。象征更具有哲学意味，预设了某种观点的独创性，对客体则缺少明显、明确的理解。寓言更为流行，更成传统和制度。其形式有动物寓言集、宝石手册*、希腊化时期的《博物学者》†，也出现在奥坦的荷诺里的《教会之镜》和《世界图像》，以及纪尧姆·杜兰的《理性主业》里。[1]

以寓言的方式诠释世界，就意味着以《圣经》的方式诠释世界，因为人们认为《圣经》的解经理论同样适用于自然。在字面意义之上，《圣经》还有着寓言意义、道德或德行意义，以及神秘解释意义。经由比德到但丁，这一学说正是在中世纪得到了精细化。正如比德和修伊所指出的，我们需要认识到事物和言语包含寓言意义。这与文学中优雅的拟人游戏几乎无关。这实则是一个万物皆被人格化的世界："万物都与不可见的善具有相似性。"[2]里尔的阿朗的诗作也许对此心态做出了最佳的记述：

万物生灵，
如书如画，
是映照我们的镜子，
它们忠实记录
我们的生，我们的死，
我们的情状，我们的命运。
玫瑰是一幅画，
是描述我们情状的恰当图像，
是给生活上的一课；
因为它在清晨绽放，
而凋谢的花则在衰颓的夜晚绽放。[3]

* 关于宝石药用价值和巫术特性的图书。

† 基于动物世界奇闻逸事的基督教寓言集。约 2 世纪末时初现于亚历山大港，中世纪时得到广泛翻译和阅读。

[1] Honorius of Autun, *Speculum Ecclesiae*, PL, 172, cols. 807—1107; *De Imagine Mundi*, PL, 172, cols. 115—187. Guillaume Durandus, *Rationale Divinorum Officiorum* (Treviso, 1479). Selections from Book I of Durandus are printed in Elizabeth G. Holt, I, pp. 120—129.

[2] Richard of St. Victor, *Benjamin Major*, II, 12 (PL, 196, col. 90).

[3] Quoted in ET, II, p. 338.

对自然的寓言构想伴随着对艺术的寓言构想。圣维克多的里夏尔有一套理论同时包含上述两种构想。他说，上帝的所有作品都是作为人的指导方针而创造的；但是在人类的生产作品中，只有一些是寓言的，其余则不是。文学适于寓言，而采用文学拟人手法的具象艺术具有衍生寓言的特点。[1]不过，在理论领域之外，相比自然的寓言内容，人类作品的寓言内容开始更为强烈地被人们所感受到，故而大众观点开始变得与里夏尔截然不同。自然寓言开始变得愈发孱弱、愈发晦涩、愈发传统；而艺术，甚至是具象艺术，则在人们眼中承担起多重的人为意义。关于世界的寓言诠释失去了根基，但是诗性寓言顽强地留存了下来。13 世纪的进步论观点坚定地摒弃了自然的寓言，却由此催生出寓言诗歌的原型:《玫瑰传奇》。而中世纪人阅读古典诗歌时也总是从中寻找寓言意义。[2]

现代人总是带着某些敌意看待这种艺术创造和理解的方式。他们认为这是诗歌贫瘠、理智主义衰弱的标志。在现代人看来，中世纪文化对于人生有着道德说教式的构想，无法理解非说教的艺术，而这一艺术创造和理解的方式便是它对世俗文学的回应。当然不可否认的是，对于中世纪人而言，艺术首先是说教的。正如阿奎那所说:“诗艺的标志就在于用生造出来的比喻彰显事物的真理。”[3]在融合程度如此之高的中世纪文化中，艺术只可能是这样的。但是这也并不能完全解释中世纪艺术对于寓言的偏爱。以寓言方式诠释诗，并不意味着在诗上强加一套枯燥的人工体系。它实则意味着，人们从中寻找着最极致的愉悦：对着镜子猜谜，并从中得到启示的愉悦。他们不仅回应诗的抒情性，也回应其象征价值。诗始终是智性关注的对象。

每一个时代都有其诗的感性，用现代的感性偏好去评判中世纪人是错误的。中世纪人在维吉尔的诗歌中发现了一个预言和征兆的世界，那种微妙的喜悦也许再也不能为我们所体验。(或许阅读乔伊

[1] *Benjamin Major*, II, 14 (PL, 196, col. 92).

[2] See Domenico Comparetti, *Virgil in the Middle Ages*, translated by E. F. M. Benecke (London and New York, 1895).

[3] *Quaestiones Quodlibetales*, VII, 6, 3.

斯或艾略特会有类似的感觉？）但是，如果我们甚至不愿承认他们的这份喜悦，我们实则在彻底拒绝理解他们的思维。公元12世纪，希尔德斯海姆的圣奥尔本的泥金手抄本画师曾描绘一座被围攻的战时城市。如果你觉得这幅画不够雅致或准确，请记住它不只是物质的再现，更是一种精神再现。这场围攻表现的既是俗世的围攻，也是邪恶的围攻。画师显然认为，这种诠释方式比单纯的视觉体验更加完整、更令人满意。

将寓言意义赋予艺术，意味着中世纪人以看待自然的方式看待艺术，将艺术看作一座鲜活的图像仓库。中世纪人认为艺术与直观和感受有关，而在中世纪文化中，直观和感受既是思维的根本属性，故而也是世界的根本属性。艺术被视作一个有机体，一个完形，而在那个时代，自然也被看作某种演化体，或者至少展示出形式的发展和有机的生长。人们将自然视作对超自然的庞大的、寓言式的再现，而艺术也被置于同一层面上。

随着哥特艺术的成熟，艺术寓言也达到顶峰，这其中有着苏杰的功劳。大教堂作为中世纪文明的最高艺术成就，虽然其诠释规则实际上并不完全适用于自然，却依旧成为自然的代理人，成为真正集书籍与图像于一身的存在。大教堂的建筑学结构和朝向都是有意义的。但是更具意义的还有大门上方的雕像、窗户上的图形、飞檐上的怪物和滴水兽。大教堂将关乎人、人的历史以及人与宇宙关系

让・弗鲁瓦萨尔
贝弗豪兹维德战役
取自**《弗鲁瓦萨尔编年史》**
早于1478年
柏林：柏林国家图书馆

的综合视野进行了实显化。福西永写道："一套经过深思熟虑、关乎对称和重复的安排，一套数字法则，一种象征音乐，静静地协调着这些巍峨的石质百科全书。"[1] 哥特大师用寓言的机制安排这一座座造型的话语。他们使用的符号之所以简明易懂，在于它们背后有着坚实的社会学事实，是因为对于中世纪人来说，这些类比是根深蒂固的，他们习惯于根据传统来诠释符号和纹章，将图像转化为精神的对应物。

大教堂的诗学由调和的审美原则统领。这主要源于《旧约》和《新约》的调和，因为《旧约》中的一切被视作对《新约》的预示。这种对《圣经》的"类型学"阐释使得人们将《新约》和《旧约》中的某些形象和属性、人和事件调和了起来。于是，先知总是因特别的头部特征而容易辨认，因为这是传统给予他们的属性。希巴女王总是有一双蹼状的脚。人物和建筑环境之间也存在调和。在沙特尔大教堂的大门处，入口两侧伫立着犹太先祖的柱像。我们认得出撒母耳，因为他手里倒提着一只献祭的羔羊。摩西的右手指着他左边的柱子。亚伯拉罕的脚踩在公羊的身上，他身前的以撒顺从地将两臂交叉在胸前。以下人物以时间顺序排列，体现了一整代先人对

保罗·乌切洛

圣罗马诺之战

约 1435—1455 年

佛罗伦萨：乌菲兹美术馆

[1] Henri Focillon, *The Art of the West*, translated by Donald King, 2 vols. (London, 1963), I, p. 8.

弥赛亚出现的期望：至高神的祭司麦基洗德手握圣餐杯引领众人；圣彼得站在新时代的入口，以相同的姿态引领着身后的人，象征着被揭示的奥秘。这群人出现在门廊上，仿佛处于《新约》的前厅位置，《新约》的奥秘则在室内得到赞美。《圣经》的调和所表现的世界史以一系列图像的形式呈现。这些寓言的数学性是完美的：建筑、造型和符号汇聚在一起，教导众人，传达讯息。[1]

四

最缜密的寓言理论来自圣托马斯·阿奎那。他的理论不仅缜密而且新奇，因为它终结了普世寓言，并带领我们走向更为理性的现象观点。阿奎那问：《圣经》从隐喻的使用中获益了吗？《圣经》是否产生了多重意义？对于第一个问题，他给予了肯定的回答，“通过有形的相似性传达上帝的造物和精神”[2]的确是有益的。如果精神实在可以通过感官知识获取，那么它就更容易为人类意识所掌握。

对于第二个问题，阿奎那说《圣经》的第一层意义是历史意义或字面意义，它们是精神意义的基础。精神意义则包含三种：寓言意义、道德意义和神秘解释意义。但是，与其说精神意义来自字面意义，不如说它来自字面意义所指涉的事件。这种认为《圣经》中叙述的事件预言了未来事件的观点实际上是一种极为传统的观点；“上帝安排好事务的进程，以传达某种事物。”[3]但是，阿奎那打破传统之处在于，他认为自然物体只有在《圣经》的上下文中才具有寓言意义。他将宇宙寓言缩小至《圣经》寓言。自然物体本身没有寓言意义；至少阿奎那从未在别处认可这一点。而且艺术也只有表面意义。准确地说，它们具有一种阿奎那称为“《圣经》寓言”的意义，这种意义“不超越字面意思”。[4]他借此认为，诗性意象和其习惯意义（通常被称作寓言意义）的联系只存在于读者或听众的头

[1] 该例子取自 Emile Mäle, ‘Le Portail de Senlis’, in *Art et artistes du moyen age* (Paris, 1947)。

[2] S. T., I, 1, 9.

[3] *Quaestiones Quodlibetales*, VII, 6, 3.

[4] Ibid.

科隆主教座堂

始建于 1225 年

HOTEL

脑中。人们凭借独立的思想行动就可以理解它们，不需要任何特别的《圣经》注解的辅助。这是因为意象和特定意义的联系乃是出于习惯，就比如羔羊被约定俗成地用作代表耶稣。因此，《圣经》的寓言意义植根于由寓言传统培育出来的感性氛围中。这是一种约定俗成的意义，而非来自神秘主义或形而上学。“词语可表示本义和比喻义；字面意思不属于修辞手法，而是与喻体相对的本体。”[1]

这一观点让自然失去了意义性质和超现实性质。它不再是“象征的森林”。中世纪早期的宇宙让位于我们所说的科学宇宙。在此之前，万物拥有一种特殊的价值，这价值与它们自身无关，却与它们的意义有关；但到了某一时刻，人们意识到上帝的创造活动并不关乎对于符号的组织，而在于将形式化为实体。于是乎，就连作为寓言式感性顶峰的哥特具象艺术也反映了这一新气象。哥特艺术在庞大的象征构念之外，开始出现一些令人欣喜的小形象，它们展示出人们对自然的新鲜感受，以及对物体的密切关注。在此之前，没有人真的**观察**过葡萄串，因为葡萄首先拥有神秘的意义。但是现在，人们开始看见茎秆、枝叶和花朵，它们开始成为柱头上的装饰。教堂门廊上开始涌现出对日常生活中的姿态、工艺和农活的精准描摹。就连表现人之类型或理想，而非个体心理的寓言形象也变得富有现实主义，有着自身的生命。

12 世纪对自然感兴趣。而接下来的 13 世纪则吸纳了亚里士多德，开始聚焦于事物的具体形式。普世寓言只留下令人困惑的数学概念，它曾是方形人概念的力量之源。所以在 15 世纪，拉罗什的阿朗才会用十五种美德乘以“十诫”，得出了一百五十种道德习惯。不过在这三个世纪间，雕塑家和画家已然流连于春天的树林，观察自然的生命和节奏。罗杰·培根宣称山羊的血不再是切割钻石的必需材料，他的证据是：“这是我亲眼所见。”

一种新的审美意识诞生了，这是一种关于实在有机体的美学。它的诞生并非源于审慎的考量，而是脱胎于一种关于实存物体的全新哲学的复杂世界。

法兰西的克劳德大师
葡萄藤与苍蝇
取自**《花卉研究之书》**
约 1510—1515 年
纽约：大都会博物馆修道院分馆

[1] S. T., I, 1, 10 ad 3.

第六章

审美感知

一

在 13 世纪，思想家开始热切地关注万物的实在现实，而这伴随着大量对于视觉心理学的科学研究和哲学研究。就审美感知而言，这一问题表现出两个方面。一方面，任何客观上美的事物都应被感知为美的。另一方面，艺术家带着审美感知创作艺术作品；他们在观众的主观性中对感知体验的本性有所预设。

甚至在古典时代，柏拉图就意识到这一问题的两面性。他在《智者篇》中写道：

> 如果［画家和雕塑家］要以原比例再现美的形态，那么上面的部分就会比实际大小看起来小一些，而下面的部分则大一些，因为我们与上面的部分远，离下面的部分近……［艺术家］……并不赋予形象以实际的比例，而是赋予它们看起来美的比例。[1]

第 144 页
汉斯·梅姆林
托马索·迪·弗克·波提纳利像
约 1470 年
纽约：大都会博物馆

第 146 页
查理曼骑马像
9 世纪
巴黎：卢浮宫

［1］Plato, *The Sophist*, 235 and 236a, translated by H. N. Fowler (London and Cambridge, 1921).

传统将这一问题与艺术家菲迪亚斯相联系。当在近处观看时，其雕塑作品《雅典娜像》的下半部似乎太短，但是一旦将它放置在视线水平上方供人们仰视时，它则显示出正确的大小。维特鲁威也区分了对称和“协调”（euritmia）；而协调是基于视觉需求的美，主要是一套与眼睛看事物的方式，而不是与物体的纯客观比例相关的技术规则。虽然透视理论是在15世纪提出的，但人们并非到了文艺复兴时期才意识到这一点。不过，要说中世纪人相信“主体与客体相融于一种更高等的统一之中”也并不完全准确。[1] 在亚眠主教座堂的国王美术馆中，雕塑均以低于自身三十米的地面视角来设计；眼睛与鼻子距离甚远，头发的发量也很大。在法国的兰斯圣母大教堂，尖塔上的雕塑手臂特别短，背尤其长，肩膀尤其低，腿也特别短。在这里，客观比例的要求让位于视觉的要求。所以说在实践中，艺术家察觉到了审美体验中的主观元素，并在设计中考虑这一点。

基督教先知雕像

约 1210 年

兰斯：兰斯圣母大教堂

[1] Erwin Panofsky(1970), p. 130.

上莱茵河流域大师

天堂花园

1410 年

法兰克福：施泰德艺术馆

二

哲学则以更抽象的方式处理这一问题，抽象到与我们这里所讨论的问题已没有了任何关系。最终问题落在，主体和客体之间是如何联系的，这是我们即将考察的哲学理论的核心议题。如前文所述，波爱修斯曾几次间接地提及，有些美学比例的设计考虑了观赏者的心理需求。再早些，圣奥古斯丁时常（比如分析韵律时）谈及客体和心灵之间的关系。在《论秩序》中，奥古斯丁认为只有视觉感知和道德判断具有美学特征；至于听觉和其他低等感官，与其说关乎美，不如说关乎感官愉悦。这反过来催生了某些感官尤其适合接受知识（maxime cognoscitivi）的理论，这一理论在阿奎那的体系中得到延续，其所涉及的感官为视觉和听觉。在维克多派的心理学中，体验感官和谐所带来的乐趣是生理愉悦的延伸；它植根于情感的生命，基于一种心灵结构和物质结构之间的本体论的真实调和之中。[1] 对圣维克多的里夏尔而言，默观有时也可以具备审美特征，他将默观定义为“对于智慧奇观的清醒洞察和钦慕状态”。[2] 在这种狂喜的时刻，灵魂涌至体外，由美升华，被完全吸收进客体之中。

圣文德则相对严肃，他认为感觉知识被比例的规则所统辖：“只有当一股主动的力量不至于不成比例地吞没观众时，我们才认为这是对感官的愉悦：因为过度只会折磨感官，节制则愉悦感官。”[3] 当客体令人愉悦时，愉悦便会产生：“因为人之享受产生于令人享受的事物和享受它的人的结合。”[4] 这一关系中有着爱的元素。因为最高等的愉悦并不来自感觉知识，而是来自爱，而且它还涉及对客体的比例和相互作用的察觉。在爱之中，主体和客体都有意识地、主动地参与到关系中：“这一爱的情感最为高贵，因为它分有最大限度的慷慨……对生命而言，没有什么比相互的爱更令人快乐，没有爱就没有快乐。”[5]

康拉德·冯·阿尔特施泰滕
在爱人怀中
取自**《马内塞古抄本》**
约 1300—1340 年
海德堡：海德堡大学图书馆

[1] 这与现代的移情（Einfühling）理论不无相似之处。
[2] *Benjamin Major*, I, 4 (PL, 196, col. 67).
[3] *Itinerarium Mentis in Deum*, II, 5.
[4] *In I Sent.*, 1, 3, 2.
[5] *In I Sent.*, 10, 1, 2.

her Chůnrat võ Altstetten. ·lxviii·

（据推测）安杰利科修士

基督带着圣人与烈士作为先驱

约 1423—1424 年

伦敦：英国国家美术馆

DAVId
YEREMIA
SACCARIA

（据推测）安杰利科修士

圣母玛利亚与使徒及其他圣人

约 1423—1424 年

伦敦：英国国家美术馆

圣文德在作品中对这一默观的情感理论只是一笔带过，因为这只是他对神秘主义认识论的一种推论。奥弗涅的威廉则更全面地讨论了这一问题，这也是其情感主义理论的基础。他强调默观的主观层面，以及愉悦在对美的体验中所起的作用："当一件事物自然地给观者带来愉悦，给视觉带来快乐的时候，我们说它在视觉上是美的。"[1]美的客体中有一种客观的性质，它引至人们在判断上达成一致，但是美的仲裁者和符号实际上是伴随视觉感官的愉悦认可："如果想理解视觉美，我们就必须考虑视觉……美和装饰是我们在视觉上认可并感到愉悦的事物……"[2]在这一问题上，威廉总会用到两类术语：与认知相关的术语（spectare、intueri、aspicere*），以及与情感相关的术语 placere、delectare†。他的灵魂理论认为认知和情感功能是灵魂的两大功能，它们不可分割、紧密结合。如果一个客体被直接呈现给某种意识，并展示出其特性，它会引发愉悦和吸引的感受。与此同时，主体知晓美，向其亲近。[3]

三

这些哲学理论的宽泛特征，与同时期视觉感知心理机制的研究形成了鲜明对比。而这些同时期的研究以阿尔哈曾及其追随者的作品为代表。《论智性》以光的反射模型解释了视觉的现象。发光的物体通过发射光线在镜子中产生图像。产生反射图像是一种主动的力，而镜子只是一种适合接收这种力的被动力。人类的心灵尤其适合接收光的主动力，当它有意识地接收时，它便能体验到愉悦。当发光物体与我们内在的发光本性相遇之时，最高等的愉悦便诞生了。这种愉悦基于事物之间的比例，尤其是心灵与世界之间的彼此适应。最终，它基于将现实联合于一体的形而上之爱。[4]

[1] William of Auvergne, *De Bono et Malo*. Quoted in LB.

[2] Ibid.

* 三者都有“看”和“观察”的意思。——译注

† 两者分别有“使和缓”和“使愉悦”的意思。——译注

[3] 奥弗涅的威廉的灵魂理论参见 ET, III, pp. 80—82。

[4] 关于《论智性》的文本，参见 Clemens Baumker, *Witelo* (Münster, 1908), pp. 1—71。See in particular chaps. XII and XVIII.

威特罗在《论光学》中更加全面地分析了主体与客体的关系，并最终得出一个有关认知的内部过程的有趣的理论。[1]他划分出两种类型的视觉感知。一种是“单纯通过直观……对于可见形态的捕捉”；另一种是“通过直观和此前拥有的知识”所达成的感知。第一种以对光和色彩的感知为例。但是复杂程度更高的现实则不仅需要“视觉，也需要灵魂的其他行动”。除了对可见特性的单纯直观之外，还需要采取“理性的行动，将感知到的不同形态进行比对”。只有在与感知对象进行“对话”之后，我们才获得其概念知识。视觉感受得到了记忆、想象和理性的补充，这一整合过程在转瞬间飞速完成。审美感知就属于这第二种视觉感知。在审美感知中，可供感知的客体特性的多样性与主体比较和联系它们的行为进行了飞速但复杂的互动：“形式之所以是美的，并不是因为特定的意图或多种相关的意图……可见事物之美来自多种意图和可见形式的互相结合，而不单单来自某些意图。”

威特罗接着试图确定客体条件，即可见形式中令人愉悦的特

带有自然色彩的彩色玻璃
1265 年
纽约：大都会博物馆修道院分馆

带有自然色彩的彩色玻璃
约 1270—1280 年
纽约：大都会博物馆修道院分馆

[1] 威特罗《论光学》的部分文本刊印于 Clemens Baumker, *Witelo*, pp. 127—179。该处总结的论点和引用的段落，参见 p. 143 and pp. 172—175。

FONS IOR
FONS DAN
ubi xps et Iohannes in Iordane

点。有些特性很简单，比如大小；这是月亮比星星美的原因。有些特性则关乎图案或形状。它可以是连续的，如大片的绿色植物；也可以是不连续的，如璀璨的星空，或者火把阵。光线下的物体或粗糙或光滑，阴影能缓和刺眼的光线，创造柔和的色彩，一如孔雀的尾巴。此外还有很多复杂的特性，比如令人愉悦的色彩与令人愉悦的比例相结合；不同特性互相作用，能够产生新的更具感官性的美。

威特罗在此基础上又延伸出两条重要的原则。第一条是品位具有一定的相对性，不同时代、不同地方流行着不同的品位。视觉特性拥有一种适应性的特质，它在各处都不尽相同。“每一个人，”威特罗写道，“根据他自己的习惯对美进行自己的判断。”第二条原则，感觉经验的主观方面是对客体进行审美评价和享受的准确度量。有些事物应该远距离观看，比如表面有难看的痕迹的物体。但是如果我们想看清楚每一个细节、每一处隐藏的意图、每一段线条的得体以及各部分间美的组合，就应该近距离观看袖珍画等其他事物。因此，远距离和近距离是审美体验中的关键因素。视觉的轴线也是如此，因为如果我们带着斜角观看物体，其面貌就会改变。

四

我们几乎不必强调威特罗的重要性以及其美学的成熟，也不必强调他对我们理解圣托马斯·阿奎那的重要意义。阿奎那的美学在分析性和完整性上略输威特罗，但是它们都身处同一环境。威特罗的书在1270年面世，《神学大全》的编写始于1266年，成书于1273年：两部作品属于同一时期，处理的是相似的问题，也处在发展历程中的同一节点。

阿尔伯图斯·马格努斯的美学理论促使阿奎那关心审美体验的主观方面。如前所述，阿尔伯图斯将美描述为各部分比例协调的物体中实质形式的光辉。“光辉”指涉的是一种完全客观的性质，一种本体论的光彩，无论它是不是知识的对象，它都势必存在。而我们也能在将多重转化为统一的组织原则中找到这种性质。阿奎那至少

基督在约旦河中受洗
取自**《赫罗纳版比亚托启示录注释》**
10 世纪
赫罗纳：赫罗纳主教座堂

绘有圣母像与全能基督像的双面吊坠（基督面）
约 1100 年
纽约：大都会博物馆修道院分馆

绘有圣母像与全能基督像的双面吊坠（圣母面）
约 1100 年
纽约：大都会博物馆修道院分馆

是含蓄地接受了如下观点：美是一种超越物[1]，但是他对美的定义超越了阿尔伯图斯。在《神学大全》中，阿奎那在断言了善与美的同一与区别之后继续说道：

> （所有事物渴求的）善必定与欲望有关，因此它涉及目的的观念（因为欲望是一种趋向某物的运动）。另一方面，美与知识相关，当一件事物愉悦观者的眼睛时，我们称其为美。这就是为什么美关乎正确的比例，因为感官从与自身相似的、比例恰当的事物中获取愉悦，而感官如其他认知能力一样，其自身成一种比例。由于认识通过成像进行，图像又与形式有关，所以美必定与形式的概念有关。[2]

[1] 该议题的讨论参见 Umberto Eco, *Il Problema Estetico in Tommaso d'Aquino*, 2nd edition (Milan, 1970), chap. 2。

[2] S. T., I, 5, 4 ad 1.

这一段很重要，它阐明了几个基本的观点。事物的美与善是同一的，因为它们都基于形式。这实际上是一个相当普遍的观点。但是，只要特定的形式是人们欲望的对象，即它是人们想要实现或占有的欲望对象，只要形式是一种积极的对象，那么它就拥有善。而美仅存在于形式与知识的关系中。当事物被看见时让人愉悦（visa placent），则它是美的。

实际上，visa 这个词的意思不只是“被看见”，也包含“被感知”、被知晓的意思。对于托马斯·阿奎那而言，看见意味着认知；于是美的事物在得到理解时会令人愉悦（id cujus apprehensio placet）。[1] 看见便是知识。它与形式因有关。事物不只有感官特性会被看见；其根据实质形式的内在结构而组织起来的特性和特质也会被感知到。这是一种智性、概念性的理解行为。我们将阿奎那的看见诠释为一种知识，这在《神学大全》的多个段落中都能得到证实。[2] 美在客体与心灵的关系之中得到实显，心灵则知晓客体与客体之美；而保证体验的可信性和愉悦的乃是事物的客观特性：“美有三个条件。第一，完整性。因为如果一件事物是有缺陷的，那它就是丑的。第二，恰当的比例或协和。第三，鲜明性。由此颜色鲜艳的事物被称作美的。”[3] 这三大著名特性有着悠久的传统，故而美由其**构成**。但是，美的合理性与认知有关。愉悦则是美的另一个关键因素。

显然，根据托马斯主义的观点，愉悦由事物中完全客观存在的潜在性所引起。不过，定义或决定美的并非愉悦。这是一个在圣奥古斯丁心中郁积已久的实际问题。他曾问，是事物带来愉悦所以美，还是事物美所以带来愉悦？他采用的是后一种观点。[4] 但是，任何一种将意志放在优先位置的理论，都倾向于认为愉悦是一种被刻意、自由地附于客体的感受，却不由客体决定。我们在邓斯·司各脱的作品中就发现了这种观点。司各脱认为“意志控制其行动，就如同

[1] S. T., I—II, 27, 1 ad 3.

[2] S. T., I, 67, 1; S. T., I—II, 77, 5 ad 3.

[3] S. T., I, 39, 8.

[4] St. Augustine, *De Ver Religione*, 32.

智性控制其行动”。[1]因此，审美感知“是一种参与的自由能力，只是其行动从属于意志的规则；这与美的多寡并无联系”。[2]相比之下，在将智性放在优先地位的理论（比如阿奎那的理论）里，决定美的事物的审美体验的显然是其客观特性。这些特性依然需要在看见中被实显化的，它们是需要被某人知晓的特性。这在某种程度上改变了我们对美的客观性的观点。

“看见”一词表示不涉情感的知识。它同神秘主义之爱的狂喜无关，也同对于感官刺激的感官回应无关。此外，它也同维克多派心理学标志性的同客体的共情关系无关。它指向一种智性的认知类型，它会产生一种不涉情感的愉悦：“就其关于美的概念而言，当它看见或知晓美时，其欲望会处于休憩状态。”[3]审美体验不意味着占有客体，而意味着默观、观察其特性、完整性和鲜明性。因此，与审美感知最为相关的感官便尤其适合认知。“我们会谈论美的视觉和美的声音。”[4]

将看见视作现代意义上的直观也是错误的，即使将其视作“智性直观”也不对。无论直观或智性直观都不是托马斯·阿奎那认识论的一部分。马里顿将直观看作一种在抽象阶段之前进入或穿透可感物的理解。[5]但是直观在一种将抽象阶段视作第一道认知工序的认识论里并没有容身之处。[6]对于阿奎那而言，智性无法知晓可感的具体物体，只有在经历抽象阶段之后，只有在对幻象的反思中，智性才能知晓可感物。[7]人类智性是推证性的。审美感知也是如此，它是一种对于客体的综合、复杂的理解。感觉直观可能会让我们接触到某个具体客体的某些特征，但是决定这一客体的各类复杂伴随情况、客体在时空中的位置，以及客体存在本身却不能通过直观获

第 162—163 页
威尔顿双联画
约 1395—1399 年
伦敦：英国国家美术馆

第 165 页
贝恩瓦尔德主教大门
约 1015 年
希尔德斯海姆：希尔德斯海姆主教座堂

[1] John Duns Scotus, *Opus Oxoniense* (*Quaest. in Lib. Sent.*), IV, 49, 4, 4.
[2] *Opus Oxoniense*, I, 1, 5, 1.
[3] S. T., I—II, 27, 1 ad 3.
[4] Ibid.
[5] J. Maritain, *Art and Scholasticism*. See for example pp. 44—49.
[6] S. T., I, 84 and I, 85, 1—2—3. 关于这一关联参见 M. D. Roland-Rosselin, ‘Peut-on parler d’intuition intellectuelle dans la philosophie Thomiste?’, in *Philosophia Perennis* (Regensburg, 1930)。
[7] S. T., I, 86, 1.

悉。它们需要我们采用判断的推证过程。对于阿奎那而言，审美知识与智性知识具有同样的复杂性，因为它面对的是同样的客体，即获悉隐德来希*的万物的实质现实。

皇家象征

1446—1515 年

剑桥：国王学院礼拜堂

* 隐德来希（entelechy），亚里士多德创造的术语，意为“完全实现”，即目的的达成、潜能的实现、运功的完成。它是世界的第一推动者。——译注

第七章

有机体之美

一

“有机体之美”的表述比“形式之美”更符合托马斯·阿奎那，原因如下。当阿尔伯图斯·马格努斯将美称作实质形式的光辉时，他显然将形式当作一种隐德来希，它令质料的潜能得到实现，与质料合一并构成一种实质。美是质料实现合一的组织原则的放射。然而在托马斯·阿奎那的学说中，如果我们基于他的哲学体系诠释鲜明性、完整性和比例等概念，我们必然得出结论：其美学理论中的“形式”与整全的实质而不是与实质形式相关。他所构想的是一种质料和形式的具体的综合，因此阿奎那的美是一种整全的有机体。

在阿奎那的作品中，用“形式”一词表示“实质”的情况十分常见。“形式”有时被用作表示浅显的形状（morphē），它是第四类性质，是物体的量化边界和立体轮廓。[1]它也可以表示只有与质料结合才能达成实存、由此逃离了其本质抽象的实质形式。最后，它还可以表示本质（essentia），即得到理解和定义的物体的实质。

阿奎那的形而上学的特点使得他以实质的具体性来考虑客体。正统的亚里士多德主义观点关注实质形式，这一正统观点也与柏拉图主义紧密相关。柏拉图主义倾向于将理念从可感物中孤立，或者将理念与可感物对立；它将理念和现实的辩证关系诠释为事物和其本质的辩证关系。它将其所是（id quod est）或存在（ens）同概念本质（quo est）区别开来。同以象征形式解释世界的视角相比，这一视角当然更具批判性，因为对前者而言，事物的神秘意义比起事物自身更加真实。但是，无论多么隐蔽，本质的本体论总有一种向唯心论屈服的倾向，会认为事物得到定义比起单纯的“存在”更为重要。

而阿奎那之本体论的新奇之处就在于此：他提出了一种**存在的**本体论，其中存在本身（ipsum esse，即实存的具体行动）才是第一价值。他在质料和形式之上叠加了具有根本性和决定性意义的本质和存在的组合。对于阿奎那而言，概念本质解释不了存在；没有质料的形式什么也不是。但是，当形式和质料在上帝的参与下于存在的行动中统一时，组织原则和被组织者之间就建立了一种关系。在

第 168 页
林堡兄弟
鸟瞰永恒之城
取自**《贝里公爵的豪华时祷书》**
约 1412—1416 年
尚蒂伊：孔蒂博物馆

第 171 页
四体液与日月升落潮汐仪
取自**《约克理发师—外科医生工会手册》**
1475—1499 年
伦敦：大英图书馆

[1] S. T., I—II, 110, 3 ob. 3.

Johes: Baptiste:
Johes Euangeliste:
Sancte: Cosme: Et Damiane:
BRITISH MUSEUM

安布罗乔·洛伦泽蒂

好政府的影响

1338 年

锡耶纳：锡耶纳市政厅

Johes: Baptiste:
Johes ewangeliste:
Sancte: Cosme: et Damiane:

第 172 页
伦敦塔
取自**《查理一世诗集》**
约 1450—1499 年
伦敦：大英图书馆

第 173 页
收获小麦与葡萄，保护城市
取自**《赫罗纳版比亚托启示录注释》**
10 世纪
赫罗纳：赫罗纳主教座堂

此处，重要的是实存的整全有机体，其固有行动便是存在本身的实质。[1] 存在不再像伊本·西那说的那样，是本质的偶然决定，存在反而使本质变得可能和实在，存在是本质实存之本质。形式和实质之间的联系如此深邃，彼此没有另一个就不能存续，以至于对于托马斯·阿奎那而言，“形式”这个词就暗含着“实质”——当然，不包括形式和实质在逻辑上被区分的情况。因此，本质的概念，以及被设想为构成性要素的形式概念，首先表示实存之行动。在这一本体论中，天上的世界被生命所取代，阿奎那对万物的全新构想对中世纪人的思维具有毋庸置疑的重大影响。[2] 阿诺德·豪泽尔恰如其

[1] *Summa Contra Gentiles*, II, 54.

[2] See Etienne Gilson, *The Christian Philosophy of St. Thomas Aquinas* (London, 1957), Part I, chap. 1.

SCDS ANGLS
TERTIUS ANGELUS
UBI METENT MESSEM TERRE
CIUITAS
UBI CALCATUM EST TORCULAR
EXTRA CIUITATE. ET EXIIT SANGUIS
DE TORCULARI USQUE AD FRENOS
EQUORUM

安布罗乔·洛伦泽蒂

好政府的影响

1338 年

锡耶纳：锡耶纳市政厅

A LAVNAL SĒPRA CIASCVN SVO
DELA CITTA OVE

分地将阿奎那的思想与文化和社会关系的发展联系了起来：

> 在古典世界衰落之后，有机生命一度失去了所有意义和价值，如今它再次获得尊崇，经验现实的个体事物从此不再需要借助超自然、超尘世的解释，便可以作为艺术的主题……在自然的所有秩序中在场并发挥作用的上帝，如今与更为自由的世界观相契合，而在这个世界中，上升的可能性并没有完全被排除。尽管万物的形而上等级依然反映出阶级社会的样貌，但是，随着这个时代认为甚至最低阶的存在也以自身的方式不可或缺时，这个时代的自由精神已经发出了它的强音。[1]

当然，阿奎那的宇宙在根本上仍以上帝为中心，我们绝不能忽视其中的神学色彩；对于他的实存本体论，我们始终应该从神圣参与的形而上学角度去诠释。但是与此同时，我们也须认识到其哲学中自然主义和人文主义的成长。

诺曼骑士冲锋
取自**巴约挂毯**
11 世纪
巴约：巴约博物馆

[1] Arnold Hauser, *The Social History of Art*, 2 vols. (London, 1951), I, p. 233.

二

现在，我们可以开始探讨阿奎那关于美的三个标准：完整性、比例和鲜明性。我们似乎可以合理地认为，只有当这些标准被用来构想具体实质而非实质形式的特征时，它们才会获得全部的意义。确实，“比例”一词的多重意义已然暗示了这点。

比例的一种类型是质料与形式的相称，以及潜在性相对于组织原则的充足。阿奎那在《反异教大全》中写道：“因此，形式和质料必须像天然相互适应一般始终彼此相称；因为固有行动须在固有质料中方能产生。”[1]在对《灵魂论》的评述中，阿奎那强调比例不仅仅是实质形式的属性，更是质料和形式之间的根本关系——实际上，如果质料不适于接纳形式，形式则会消失。[2]比例的这一含义对于审美体验尤其重要，因为审美体验的对象正是事物的结构性优美。

比例还能指向另一种更具形而上特征，并超出审美体验范畴的

[1] *Summa Contra Gentiles*, II, 81.
[2] *Comm. de Anima*, I, 9, 144.

关系。那便是本质与实存的关系，这种比例虽然不能被审美体验，但可以通过让事物变得具体而让审美体验成为可能。其他类型的比例是这种形而上比例的现象结果，正是它们最直接地回应着我们的审美需求。阿奎那提及了日常感官的、可以量化的比例类型，这种比例出现在雕塑或旋律中。他说："人类在感觉中体验到愉悦……因为感觉自身是令人愉悦的……因此人类享受音乐……"[1]他也将道德行为和理性话语中纯智性的得体视作一种比例，他在这里所指的是中世纪人非常欣赏的智性美："精神美在于同理性的灵魂之光相称的对话和行动。"[2]这一观点在当时的人看来并不反常。不过如今倒也有一股回归的倾向，人们又开始认为理性和实际的活动、数学和逻辑的推理都有着审美性质。

阿奎那还曾提到一种心理比例，即事物被主体体验的恰当性。这种构想源自奥古斯丁和波爱修斯，涉及认识者和被认识者之间的关系。当我们对被感知的现象的客观特性和服从于规则的特征进行反思时，我们会在自己身上发现其比例的性质，也会发现自己固有这些比例。[3]

因此，比例被构想成某种客观的事物，某种可以在无限层次上得到实现的事物，以及某种最终与有序宇宙的比例相吻合的事物。阿奎那在讨论视觉比例时，曾经回到我们在前文中审视过的宇宙理论；但是，他对于宇宙秩序的描述有着某种个人的活力和独创的语气。[4]

除此之外，还有一种类型的比例在阿奎那的美学中居于中心位置，并且也是中世纪美学中的常见概念。这种比例意指事物之于自身及其功能的充足。经院哲学家将其称为"第一完美"（perfectio prima），即事物就其外观及自身独特本性的充足。"因为很明显，"阿奎那写道，"每一种事物究其本性，都具有某种目的，以及统辖大小和生长的固定定律……"[5]因此，人与人的身高和体形会不同，但

希尔德加德·冯·宾根
天使唱诗班
取自**《认识主道》**
约 1175 年
已佚失

[1] S. T., II—II, 141, 4 ad 3.
[2] S. T., II—II, 145, 2.
[3] See S. T., I, 5, 4 ad 1, and *Comm. de Anima*, III, 2, 597—598.
[4] See *Comm. Div. Nom.*, IV, IX, X, XI.
[5] *Comm. de Anima*, II, 8, 332.

是如果这些变量超过某个界限，那么人就不再有真实、恰当的本性，而只剩下畸形。这类完美又与美的另一标准相关，即完整性。完整性指在有机整体中，共同定义其所是的各部分皆存在。如果四肢缺少其一，人体就是畸形的："我们将残障者称作丑，因为他们缺少部分与整体的必需比例。"[1]显然，从任何意义上来说，这些都是有机体之美的原则，它们在当今艺术形式的现象学中也仍旧成立。但是，阿奎那将第一完美的概念应用于艺术中时，他还是很有局限性的：他说，如果一件艺术作品就创造者脑中的观念而言是充足的，则它是完整的。[2]

当第一完美存在于事物中时，事物就其固有目的而言是充足的。它也由此获得"第二完美"（perfectio seconda），即其运作与其固有终极性相协调。此外，第二完美还调节着第一完美，因为如果一件事物要真正完整，它的结构应该与其功能相协调："目的最为关键……因为有效的行动只有借助其目的才能完整。"[3]有效因在构建事物时使其与目的相协调。因此，如果一件艺术作品（此处指广义的人类制作）可行使功能，如果就其范畴而言，其形式是充足的，

第 180 页
饰有罗曼史故事的象牙盒
约 1310—1330 年
纽约：大都会博物馆

第 181 页
第 81 篇
取自**《乌得勒支诗篇》**
约 800 年
乌得勒支：乌得勒支大学图书馆

[1] *In IV Sent.*, 44, 3, 1.
[2] S. T., I, 16, 1.
[3] *De Principiis Naturae*, 11.

ETCIBAUITILLOSEXADIPEFRU MENTI ETDEPETRAMELLE SATURAUITEOS;

LXXXI PSALMUS ASAPH

DSSTETITINSINA
GOGADEORUM · INMEDI
OAUTEMDEOSDIIUDICAT;
USQUEQUOIUDICATISINIQUI
TATEM ETFACIESPECCATORU
SUMITIS DIAPSALMA
IUDICATEEGENOETPUPILLO
HUMILEMETPAUPEREMIUS
TIFICATE;

ERIPITEPAUPEREMETEGENU
DEMANUPECCATORISLIBERATE
NESCIERUNTNEQUEINTELLEX
ERUNT · INTENEBRISAM
BULANT · MOUEBUNTUROM
NIAFUNDAMENTATERRAE;
EGODIXIDIIESTIS · ETFILII
EXCELSIOMNES;
UOSAUTEMSICUTHOMINES

MORIEMINI · ETSICUTUNUS
DEPRINCIPIBUSCADETIS;
SURGEDSIUDICATERRAM
QMTUHEREDITABISINOM
NIBUSGENTIBUS;

那么形式适应其目的，它就是美的。“每一位工匠都致力于制作最好的作品，其方法并不简单，乃是依照其目的制作。”[1]如果一位艺术家用玻璃制作出一把锯子，即使它外表美丽，也依然是丑陋的，因为它不能实现切割的功能。人体是美丽的，因为在它的构建中，各部分的分配是相称的：“因此我宣称，上帝以形式和运作相称的方式，为人类的身体做了最好的安排。”[2]在人类的有机体中，心灵力与身体力、高级力与低级力之间维持着复杂的关系配置，以至于所有特征都有着确切的存在理由。除了触觉以外，人类的感觉都不如其他动物发达，这是有功能性原因的：比如人的嗅觉弱，是因为气味在干燥的环境下比较明显，而人脑庞大的体积带来了较大的湿度，而这湿度之所以必要，是为了中和心脏产生的热量。人类无羽无角无爪，而这些都是陆生动物所具备的优势。在人类身上，陆生特点被其他元素平衡了。作为补偿，人有手，它是器官中的器官（organum organorum），完全弥补了所有其他缺陷。最后，因为人直立的站姿，所以，人是美的。人类被创造成这样，是因为如果人的脑袋前倾，就会干扰到集中于大脑的敏感的内部力量；而且，因为人的手无须用于走路，得以被解放出来做事情；最后，如果人需要用嘴衔食物，语言能力就会受损。因为这些理由，人类是直立的，因此可以善用其最高贵的感觉——视觉，“用它来自由地获取天上地下任何可感物的知识”。[3]他可以随意观赏世界及世界之美。只有人可以以美之名享受可感物（solus homo delectatur in pulchritudine sensibilium secundum seipsam）。[4]在这一段关于人体的记述中，审美价值和功能价值显然是一体的。这一时代的科学原则也是其美学原则。

阿奎那的功能主义美学理论为贯穿中世纪的情感提供了系统化的表达。那便是中世纪人有将美与功用等同的倾向，而这一等同则源自美与善的等同。即便中世纪人试图在理论中区分美与功用，其

古罗马人仿古希腊雕塑家莱奥卡雷斯作品
观景殿的阿波罗
1 世纪
梵蒂冈：梵蒂冈博物馆

[1] S. T., I, 91, 3.
[2] Ibid.
[3] S. T., I, 91 3 ad 3.
[4] Ibid.

等同似乎在他们的许多生活经验中也都是必需的。我们要理解他们，就须回到他们的融合感性。实际上，他们难以区分美和功用，正表明他们生活的每一方面都具有审美元素。他们无法令美从属于善或功用，正如他们也无法令善和功用从属于美。

现代人之所以发现艺术和道德会相互冲突，是因为他们试图调和现代审美构想与古典道德构想。当代的融合（这里我们不谈其优点）是基于传统观念的修正，辨别哪些在我们的历史情境中依然有其价值，哪些已经失去了意义。对于中世纪人而言，如果一件事物无法与以人及其超自然命运为中心的层层目的相关联，那么它就是丑陋的；这源于结构的不完美，这种不完美使它不能充分行使其功用。这种融合感性让中世纪人很难从不符合其道德理想的事物中体验到审美愉悦；而任何给中世纪人带来审美愉悦的事物都必然是合乎道德的。

在实践中，中世纪人并不以完美、均衡的方式表达出这种感性。一方面，有些人就像圣伯纳一样，虽喜爱滴水兽，但又因自身过度的严苛而排斥滴水兽。另一方面，中世纪还出现了放纵派吟游诗人的诗歌；此外还有奥卡辛这样的虚构角色，他宁愿跟随尼克莱特去往冥府也不愿住在昏聩先贤的天堂里。然而，无论是圣伯纳还是奥卡辛，都不比对方更“中世纪”。它们都背离了中世纪的理想，故而第一完美和第二完美的哲学实际上代表的是中世纪人在不同的价值体系下所能培养出来的最高理想。阿奎那的理论过于纯粹，以至于难以在具体的品位和判断行动中得到明确体现，但是它确实在义务论的层面上为中世纪的文明和习俗确立了根本坐标。

阿奎那笃信其哲学的可靠性，他甚至因此给予艺术以某种自主性：“像这样的工匠值得称赞，不是因为他的意图，而是因为他制作的作品。”[1]道德意图在这里受到贬抑。重要的是器物应该制作精良，如果器物在各方面均优异，那么它就该制作精良。一位艺术家也许心怀恶意建造出一座建筑，但是只要它完美地达成其功用，那么在审美上它就没有理由不是完美或善好的。一位雕塑家也许会用世上最美好的意图去雕塑，却可能创造出一件容易扰乱道德平衡、不合

滴水兽

1163—1250 年

巴黎：巴黎圣母院

[1] S. T., I—II, 57, 3.

乔托・迪・邦多纳
基督人生中的场景：基督被捕（犹大之吻）
约 1305 年
帕多瓦：斯克罗威尼礼拜堂

乎得体的作品。在这种情况下，君主应当将这件作品驱逐出城邦；因为城邦建立在目的的有机综合之上，不能容忍任何事物搅扰其完整性。[1] 道德的韵律由审美的原则统辖。

三

上述讨论的一切都建立在以下原则上：承载审美价值的事物只能是包含其所有复杂关系的实在有机体。因此，阿奎那关于鲜明性、光辉和光的概念与（比方说）新柏拉图主义者具有截然不同的意义。在新柏拉图主义中，光从天上降下，以创造性的方式弥散在世界中；光在万物中聚集并凝固。但是阿奎那认为鲜明性自下而上，从万物

[1] See S. T., II—II, 169, 2 ad 4.

的心中升起。它是组织形式的自我表达。物理光是“太阳的实质形式的结果”；[1]荣耀的身体的鲜明性是受天恩的灵魂发出的光辉，它充溢着整个肉身；而基督显圣容的身体的鲜明性“从上帝的灵魂充溢而出”。[2]因此，当身体按照自然需求被正确地构造时，身体就会产生色彩和光辉。

但是，在本体论层面上，鲜明性指的是有机体的表达能力。有人曾说，它是事物形式的放射性。鲜明性是中世纪唯一的表达原则，它曾经雄占的位置如今可以被抒情性、象征主义，或形式的象似性等概念所替代。当有机体被完全感知和理解时，它会表现出其有机本性，而智性则能够享受有机体的纪律和秩序之美。这种本体表达力在事物成为知识对象之前并不实存；只有当“看见”聚焦于它时，只有当这种不涉情感的观察依据客体的形式来看待客体时，它才成真并显明出来。客体在本体论上被预先判断为美。但是直到观察者察觉到自己与客体之间的比例，意识到整全有机体的所有特性，并且只为自己完全、自由地享受这一整全性的光辉时，这一判断才能达成。本体论层面的鲜明性是“存在于客体自身”的鲜明性，而它只有在特定的知觉行为中才会成为审美的鲜明性，或“面向我们”的鲜明性。

于是我们可以得出，审美的“看见”对于阿奎那而言是**判断的行为**。它涉及匹配和辨别的活动、部分与整体的衡量、对质料如何服从于形式的研究，以及对目的的意识和目的怎样才能充分实现的意识。[3]审美感知不是瞬间的直观，而是与客体的“对话”。判断之行动的活力与组织化存在（判断的客体）之行动的活力相对应。阿奎那根据这一联系写道：“欲望渴望着善、平和与美，它并非在渴望不为一体的三件事物。”[4]他所说的平和指的是秩序的平静（tranquillitas ordinis）。在推证理解这一艰辛的行动之后，智性欣喜于客体富于秩序和完整性（体现于自身鲜明的存在）的景象。

[1] S. T., I, 67, 3.
[2] S. T. III, 45, 2.
[3] See S. T., I, 85, 5.
[4] *De Veritate*, 22, 1 ad 12.

那里不只是愉悦，也有平和，这种平和“消除混乱，去除向善的障碍”。[1]在感知中体验的愉悦是一种自由的愉悦，这种默观的愉悦剥离了欲望，满足于它所欣赏的完美。美在被“看见”时令主体愉悦，它不源于毫不费力的直观，而是通过努力被主体赢得，且当努力取得成功时才被主体享受。我们从知识中获得愉悦，而我们在获取知识的道路上克服了障碍，才带来了欲望的静止。

阿奎那的这部分哲学代表着中世纪理智主义的顶点。显然，从某些现代的审美直观理论来看，它已经无法再实现进一步的发展。但是时至今日，它依然有着宝贵的价值，因为它对审美经验的基本构想是一种积极的、差异化的、批判性的构想。

（据推测）洛伦佐・摩纳哥

基督与圣母的代求

早于 1402 年

纽约：大都会博物馆修道院分馆

[1] *De Veritate*, 22, 1 ad 12.

林迪思法恩福音书

目录与各卷封面

CANON DECIMUS
IN QUO BROBRIA IOHAN
IOH
IOHAN
IOHAN
IOHAN
FINIC CANON X IN QUO
BRO BRIA IOHAN NIS

INCIPIT EUANGELIUM SECUNDUM MATTHEUM
RATIO SIC ERAT CUM
ESSET DESPONSATA
MATER EIUS MARIA IOSEPH

imago homi nis :-
O AGIOS
MATT
HEUS

Imago leonis

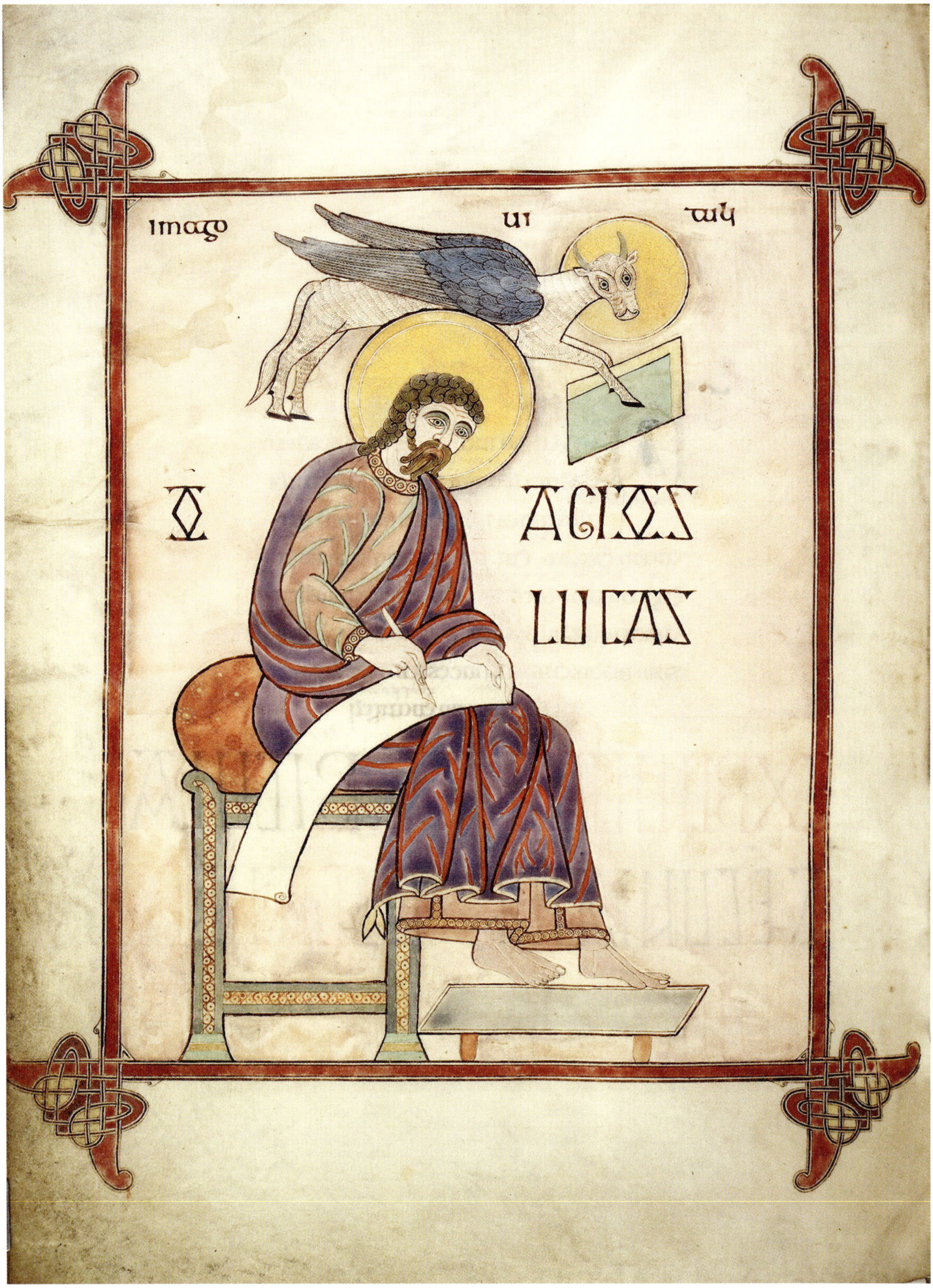
imago ui tuli
O AGIOS
LUCAS

imago aequilae
O AGIOS
IOHAN NES

第八章

有机体之美的兴与衰

一

阿奎那已然证明，我们能够创造一种区别于柏拉图主义的形而上美学。阿奎那的美学也向人文主义迈进了一步。13 世纪虽然也见证了其他的形式质料论美学，但无一具有阿奎那的自然主义活力。

1248 年至 1252 年间的某段时间，阿尔伯图斯·马格努斯在科隆大学授课，并在课堂上对《论圣名》的第四章发表了评论。阿奎那是他的学生，斯特拉斯堡的乌尔里希也曾师从于他。乌尔里希的《至高之善大全》（*Summa de Summo Bono*）与阿奎那的《神学大全》写于同一时期。书中包含了基于形式、光和比例概念的美学理论。确实，他的比例分析比阿奎那的（须从各处拼凑起来）更为准确和具体，也与美学议题有着更明显的联系。但是他的形式概念具有鲜明的新柏拉图主义特点，缺乏阿奎那就“实质”提出的诸多具体特质。对于乌尔里希来说，美是阿尔伯图斯·马格努斯意义上的形式的光辉；但是，这里的“形式”更接近新柏拉图主义的“光”，而且他对于可见世界的构想显示出《因之书》（*Liber de Causis*）的影响。[1]“每一种形式都是第一光的智性作用结果，第一光在形式的本

第 198 页
圣福伊圣物匣
约 10 世纪末至 11 世纪初
孔克：圣福伊修道院

第 200 页
温琴佐·奥诺弗里
阿尔伯图斯·马格努斯胸像
1493 年
博洛尼亚：市立中世纪博物馆

[1] 该作品长期被归于亚里士多德名下，如今被认定为普罗克洛斯的《神学规范》（*Institutio Theologica*）。

质深处起着作用。因此我们必然得出，形式通过相似性，分有其因之光。”[1]美是在神圣之光的影响下，质料的形式充溢。但是质料终究会阻碍形式绽放全部的光辉。“每一种形式，由于质料的阻碍所具有的光越少，它就越丑，而由于升华至质料之上而具有的光越多，它就越美。”[2]我们本无必要去强调乌尔里希和阿奎那的思想分歧。

圣文德也阐述过一种基于形式质料论原则的美学。但是如我们上文所述，其理论发展囿于光的形而上学的广阔语境之内。他还受奥古斯丁的《论音乐》的影响，创造出一种比例的美学。但是这一美学之所以值得关注，并不是因为其独创性，而是因为圣文德称艺术家可以在自己灵魂深处发现 aequalitas（平滑、均等、统一）的法则。故而圣文德以及整个方济各会的美学贡献在于艺术灵感的本性，而非有机体的本性。

饰有天体的圆形窗玻璃
1390 年
纽约：大都会博物馆修道院分馆

[1] Ulrich of Strasbourg, *Summa de Summo Bono*, II, 3, 5. Quoted in LB.
[2] Ibid.

ARBOR SCIENTIÆ VENERABILIS ET CÆLITVS illuminati Patris RAYMVNDI LVLLII Maioricensis,

LIBER AD OMNES SCIENTIAS vtilissimus.

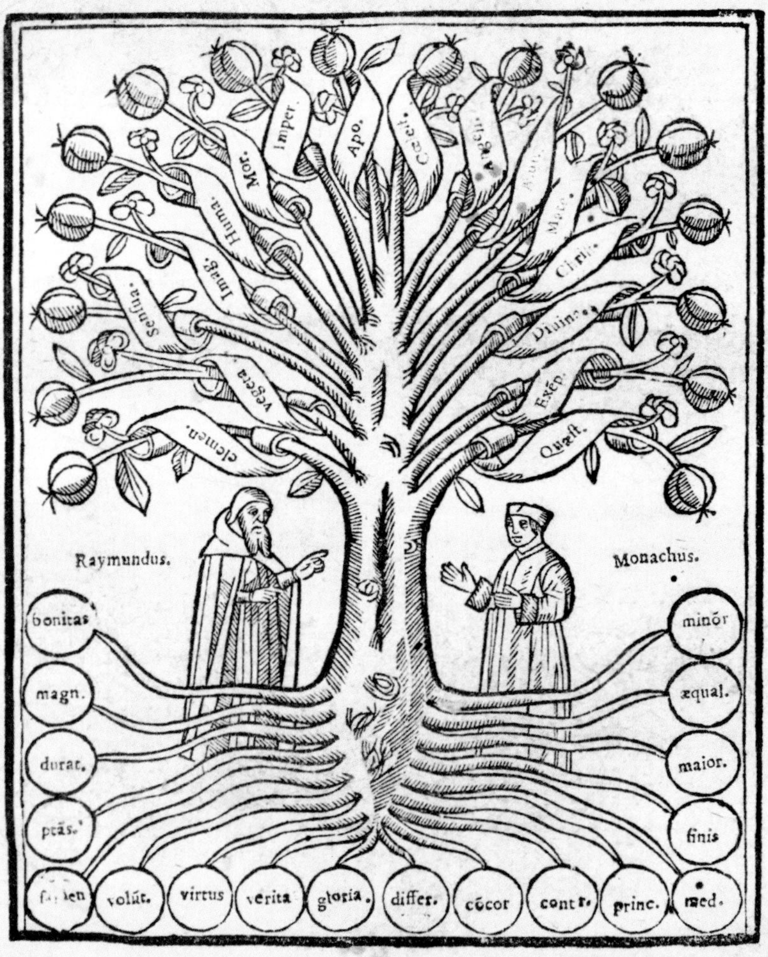

Anno Domini M. D. XV.

拉蒙·柳利的观点与阿奎那的有些相似。比如在《伟大之术》中，他认为尺寸（magnitudo）之美基于完整性的原则；同样的完整性原则也适用于尺寸较小的对象，比如孩童。但是柳利的思考已经朝着另一方向而去。他认为世界是有机的，不过他的形而上学既不属于《蒂迈欧篇》的神秘主义宇宙学，也不属于阿奎那的理性自然主义世界。它实际上包含着巫术和卡巴拉的元素，并将目光投向了文艺复兴时代的柏拉图主义。

> 一连串的和谐从最高处延伸至最低处。因为万物共享着一种普遍的情感。这种联结被许多人（比如荷马）称为金色链条，或维纳斯的衣带，这是一根自然的链条，或是万物彼此间的信物。[1]

第 202 页
拉蒙·柳利
《科学之树》
1505 年（1295 年首版）
巴塞罗那：巴塞罗那大学图书馆

第 203 页
乔瓦尼·雷阿尔多
世界地图
1448 年
维琴察：奇耶里卡提宫

[1] Quoted in M. Menéndez y Pelayo, *Historia de las ideas estéticas en España*, I, chap. 4.

COESIAS
TRIO
SEPTEN
OC
FAUONIUS
BOREAS AQUILO
OCEANUS BRITANNICUS
TRASCIUS CIRCIUS
KORUS AGRESTIS
DESERTA ARENOSA
ALBANIA
PONTUS
EUXIN
EQUOR PONTI
ELLESPONTUS
ASIA MINOR
GALACIA
CAPADOCIA
CILICIA
MACEDONIA
TESSALONICA
EPIRUM
ACAIA
SINUS NORICUM
SINUS ADRIATICUS
CALABRIA
APULIA
ROMA
ITALIA
PANNONIA
NORICUM
GERMANIA
SARMATICA
FRANCIA
GALLIA BELGICA
GALLIA LUGDUNI
AQUITANIA
PROVINCIA
SEPTIMANIA
HIC CAPUD EUROPAE
INSULA TILE
INSULA BRITTER
OCEAN GIRMANIC
FRISIA
INSULA BRITTANNIA
INSULA HIBERNIA
GALLICIA
FL RODANUS
FL RENUS
FL TIBER
FL GARONNA

EVRUS
INSL ARGIRE
INSULA CRISE
EURO AUS TER
SOLIRA
DIES
MERI
GENS SERES
ASIA MAIOR
MESOPOTAMIA
ARACUSIA
GALILEA SUPERIOR
GALILEA INFERIOR
IUDEA
PALESTINA
ARABIA
NABATEA REGIO
SINUS ARABICUS
SINUS PERSICUS
MARE RUBRUM
EGIPT SUPERIOR
EGIPT INFERIOR
INSULA MEROEN
LIBIA
AFRICA
NUMIDIA
DESERTUM ARENOSA
MARE LIBICUM
MARE BALEARICUM
MARE CRETICUM
INSULA CRETA
MARE SICULUM
INSL SICILIA
MARE LIGUSTICUM
TIRRENU MARE
INSULAE
FORTUNATARUM
AUSTER AFRICUS
LIBO NOTHUS
LIPS AFRICUS

二

如果我们试图找寻托马斯主义理论的进一步发展——那将是真正的发展，而不只是原地踏步——那非邓斯·司各脱莫属。我们有必要细读他作品中的一些段落，因为除去少数几篇有趣的文章，他的美学同形而上学和认识论都是混杂在一起的。

司各脱对美的定义与我们目前接触到的定义都有着微小但重要的区别。“美不是美物身上某种绝对的性质。它实际上是此类物体所有特性的集成（aggregatio）——比如尺寸、形状和色彩，以及它们互相之间、它们与物体之间所有联系的总和。”[1]在这种理论中，美基于联系；而司各脱的形式多重性又为集成的概念赋予一种特别的意义。对于司各脱而言，任何集成物之所以实在，是因为其各部分都得以实在化。集成物的统一依赖的不是形式的统一，而是部分形式对于终极形式的自然从属。“因此，集成整体的存在包含其所有部分的存在，及众多部分或形式的部分存在。因此，一件事物的整体存在包含众多形式的部分实在化。”[2]对于阿奎那而言，当多个形式汇集产生一个“混合体”（比如人体），它们就失去了固有的实质形式。物体由此被赋予一种新的复合实质形式。就人体而言，这一复合实质形式就是灵魂。各部分的实质只在特定的性质（virtutes）中保留其原先的自主性，而这些性质是新的复合物的特性。阿奎那认为实质形式是统一的，他由此走向了如下观点：有机体首先是统一的事物。但是，司各脱的形式多重性理论意味着他的美学注重关系。这让他走向了更具分析性，较少统一性的美之构想。

司各脱的另一独创元素是此性（haecceitas）理论，不过他并没有将其用于美学。此性是一种赋予物体个性的特性。它的功能不是完善形式，而是将实在的个性给予复合物。依据托马斯主义视角，感知有机体意味着将其作为本质的范例（某种类型之典范，或能代表一个类别的事物）来感知。而对于司各脱，单个物体就是其自身。赋予个性的原则并不与事物相**结合**，而是在逻辑上不分彼此。实际上，赋予个

第204—205页
世界地图
取自**《圣塞弗版比亚托启示录注释》**
11世纪
巴黎：法国国家图书馆

第207页
巴托洛梅·贝尔梅霍
圣米迦勒战胜魔鬼
1468年
伦敦：英国国家美术馆

[1] *Opus Oxoniense*, I, 17, 3, 13.
[2] *Opus Oxoniense*, IV, 11, 3, 46.

性的原则是一种让事物在实在性方面达到完整的原则："终极的具体差异，就是与其他所有事物的差异。"[1]个体超越其本质，在这点上，司各脱的观点更甚于阿奎那；个体是更完美的实体，不只是因为它存在，也因为它具有特殊性，被独一无二地决定。个体的本性（ratio individui）中包含某种独特的东西，它并不存在于共有的本性（natura communis）中："它包含积极地作为某物的存在（entitas positiva）。这让它具有自身的本性。因此，本性被预先指派给个性。"[2]

此性的概念是关于绝对独特性的概念，也是关于独一无二的个体的概念，它在现代感性中依然活跃。司各脱没有在美学讨论中使用这个概念，但是它显然代表了司各脱对他所处的文化环境的哲学回应，在这一环境中，人们对价值进行着反思，而这种文化最显明的表达出现在哥特晚期和新原始派。

哥特早期（如沙特尔大教堂或亚眠主座教堂）的感性急切地想要识别出从物体中闪耀而出的形式，并将统一性强加于多样性。但是在 13 世纪，哥特相对整体更关注个体。它着迷于多样性，视角更具分析性。这种视角在中世纪晚期得到了最极致的表达，以法国和佛兰德斯的袖珍画画家和油画画家为代表。如果我们将它诠释为司各脱主义的联系性形式的观念（总体形式由多个自主的形式构成）的实现，也不算过分。对类型的敏感性逐渐被对个体的敏感性所取代。雕塑不再以常规图像再现各类人物外观和类型，而是将他们视作具有独特且不可重复的性质的对象来刻画。我们清楚引起这一改变的部分社会和文化因素，但依然会惊讶地发现，从看似枯燥的学院争论中诞生出来的形而上学，却实际上回应着当时的文化气候。无论是它影响了这种文化还是这种文化影响了它，它们之间必定有着成果丰硕的关系。

此性的学说指向了一个司各脱及其同时代人未能涉足的方向。"此性"必须由直观而非抽象的智性来把握；智性只会困惑地看着它，最后回头求助于普遍概念。[3]因此，个体性、不可化约性和原

教堂正面
12 世纪
沙特尔：沙特尔主座教堂

［1］*Opus Oxoniense*, II, 3, 6, 13.
［2］*Opus Oxoniense*, II, 3, 6, 2.
［3］*Opus Oxoniense*, IV, 45, 3, 17 and 21.

创性的概念与直观认知的概念相互结合。我们不需要强调这些观念与美学的相关性；美学史已然说明了这一切。不过，它们的出现所引至的一个结果则值得一提。美的有机体构想从此不再能够存续，至少对经院哲学所描述的有机体之美来说是如此。一方认为感知是一种分析性行为，另一方则认为质性的个体性须由直观把握，阿奎那的有机体之美正是在这两极观点的斡旋中陨落了。

虽然奥卡姆的威廉曾稍许涉及传统观念，但他的思想也与托马斯主义理论相去甚远。在奥卡姆看来，造物具有绝对的偶然性，上帝不以“永恒理念”来规范事物。管辖万物、统辖我们的心理倾向，或是给予工匠灵感的恒常宇宙秩序并不存在。世界的秩序与统一并不是以链条连接万物的状态（quasi quoddam ligamen ligans corpora）。物体是绝对体（assoluti），数值各不相同（quae non faciunt unam rem numero），彼此间以偶然的方式互相分离。秩序的

第 210—211 页
礼拜堂拱顶
1446—1515 年
剑桥：国王学院礼拜堂

第 212 页
希尔德加德·冯·宾根
上帝的作品
取自**《神圣作品》**
13 世纪复本
卢卡：意大利国立图书馆

概念指涉事物彼此之间的位置关系，而不是指本质中暗含的某种现实。[1]事物的组织形式本来是洞悉事物的理性法则，但又使事物区别于其组成部分，然而如今这一概念已然衰落。部分以某种方式得到安排，“世上没有不包含绝对部分的物体”。[2]虽然威廉有谈及部分与整体的比例关系，但是比例的概念确实从此势微。[3]对完整性概念而言必需的共相现实，由唯名论所消解。当我们的系统不再拥有具化美的形式差异或虚拟差异时，关于这些差异的问题，以及关于美的超越状态的问题就不会再被提出。留下的只有殊相的直观，以及对于实存对象的知识，而这些对象的可见比例将由经验去分析；实际上，奥卡姆认为对殊相的智性直观**是**可能的。[4]而艺术灵感则是艺术家想要构造的个体对象的观念，而非其普遍形态。奥卡姆的理论充满了可能性，后人将在此基础上大力发展；但是他身为经院哲学家，却勾销了用经院哲学术语定义美的所有必要原则。

奥特古尔的尼古拉斯通过对因果、实质和终结概念的批判，将奥卡姆的思想发展得更为深远。他认为，从果无法知因；一件事物不可能是另一件事物的目的；存在从来不分等级制度；万物间没有谁更完美，只是彼此不同；而我们对存在等级所做的判断，不过是对个人喜好的表达。基于此种前提，人们便无法再谈论有机结构、事物之间和谐的相互依赖、目的之充足性，或者比例的秩序。第一完美和第二完美之间无法建立因果关系，两者的互相补全也无法成立。[5]

所有这些思想家为科学和哲学开辟了新的道路，但是这也意味着人们有必要寻找新的美学概念，它们将与贯穿中世纪的基础概念截然不同。在殊相的宇宙中，我们须从才智和幸福所生成的形象之独特性中寻找美。文艺复兴的美学将回归柏拉图主义，而奥卡姆思想的哲学批评则是风格主义美学的序曲。然而，虽说他们取消了形

[1] William of Ockham, *Quodlibeta*, VII, 13.

[2] *In I Sent.*, XXX, 1.

[3] *In I Sent.*, XXV, 5.

[4] *In Lib. Sent.*, Prologue, 1.

[5] See Hastings Rashdall, ‘Nicholas de Ultricuria, a Medieval Hume’, *Proc. Aristotelian Soc.*, VII (1907), pp. 1—27.

而上之美的可能性，但他们也说不清楚形而上之美的陨落给美学理论造成了什么影响。如果人类不再从万物中看见给定的秩序，如果人类的世界不再由固定的意义、关系和种属组成，则一切皆有可能。他会发现自己乃是自由人，而根据自由人的定义，他将成为一位创造者。[1]哲学家或者沉浸在步向衰落的经院哲学论战中，或者像奥卡姆一样，在更迭的剧痛中投身政治战役，为社会秩序而战。美学问题、创造性问题以及艺术家本性的问题，将留待后人解决。

三

晚期经院哲学给美的形而上学带来了一场浩劫。神秘主义者（那一时代非主流的哲学和宗教势力）无力与其抗衡。14 和 15 世纪的德国和法国神秘主义者善用类比，对于诗性创造颇有见解，而我们在下文中将对其进行考察。他们总是谈论在狂喜中体验到的美，但他们道不出任何有建设性的内容。由于上帝不可言说，故而称他为美，相当于称他为善或无限：美只是人们形容不可形容者时，用不是它的特质来形容它的一个词而已。他们的体验令他们感到自己获得了最极致的愉悦，然而这愉悦却没有特点或特征。他们还从另一种体验中获得巨大的愉悦：充盈着爱的智性默观尘世之美，进而向上帝飞升。这曾是 12 世纪的主题，后来引至颇有建树的、坚实稳固的维克多派美学。但是，如果上帝被视作一团火、一泻深渊、一道满足无止境欲望的餐食，人类又如何能默观秩序的平静、宇宙的美和神圣属性的和谐呢？吕斯布鲁克说："如果上帝将自身以外的一切都给予灵魂，其精神欲望仍将得不到满足。"[2]那主导着前几个世纪的智性的自由愉悦，实则距人类无比遥远。

加尔都西会的丢尼修曾写道，他身临其境地进入"一个充盈着无限光芒的领域"，进入一种"不可言说的平和"，在这里"不可理解的上帝……就像最广阔的荒漠，平坦得一望无际，无他物可与之比拟，在其中，心是真正神圣的……可以不失去自我地漫步，可以

[1] See Eugenio Garin, *Medioevo e Rinascimento*, 2nd edition (Bari, 1961), p. 38.

[2] Jan Ruysbroeck, L'Admirable, translated by Ernest Hello (Paris, 1902), p. 39.

在至福中屈服，却依然得到疗愈”。[1] 苏索写到了给予人们愉悦的万物的无底深渊。埃克哈特也提及一处深渊，那里没有神的概念或形式；灵魂是独处、静默的。他声称灵魂通过将自己投入上帝的隐秘中而获得最高限度的美，而在上帝的隐秘中既没有行动，也没有想象。陶勒也谈及这一深渊，灵魂在其中失去自我，甚至失去自我意识，对上帝的意识，对差异、同一乃至万物的意识。在与上帝的统一中，所有差异都消失了。此时再没有行动、想象、差异、联系或知识。中世纪最后的神秘主义者对美一言不发。

这是一个过渡时期，介于 13 世纪的美学理论和文艺复兴之间。在这一时期，从但丁到吟游诗人的各类艺术家充满了力量，展示出一种崭新、自豪的个性，他们由此为审美感受和理论的历史添砖加瓦。

阿夫拉姆·阿布拉菲亚
《智慧之光》
1285 年

[1] Dionysius the Carthusian, *Opera Omnia* (Tournai, 1896—1913), I, p. 44.

第九章

艺术理论

一

在任何关于中世纪美学的记述中，最默默无闻的一章莫过于艺术理论。中世纪人对于艺术的构想源于古典和理智主义的人类“制造”理论，并基本继承了其观点；当然，如果我们仔细考察，还是会发现中世纪的艺术理论产生了不少独特的波动。“艺术是对所造之物的正确判断”（ars est recta ratio factibilium）[1]，“艺术是对所造之物的制造和判断的原则”（ars est principium faciendi et cogitandi quae sunt facienda）[2]，诸如此类的定义并没有明确的继承关系；中世纪人只是在以不同方式重复和重述这些观念。从加洛林王朝时代到邓斯·司各脱，他们的艺术构想都汲取自亚里士多德和整个希腊传统：如西塞罗、斯多葛派、马里乌斯·维克托里纽斯、塞维利亚的圣依西多禄以及卡西奥多罗斯。

以上定义均包含两个基本元素：认识（ratio/cogitatio）和制造（faciendi/factibilium）。艺术的理论就基于此。艺术是关于制造事物的规则的知识。规则是给定的、客观的，而所有中世纪人都认同这一点。卡西奥多罗斯以他在词源学上一贯的恣意作风，称艺术之所以被称作艺术，是因为它做出了界定或限制（arctat）[3]，而几个世纪后，索尔兹伯里的约翰也做出了这一衍生解读。[4]但是，卡西奥多罗斯和圣依西多禄也都认为艺术（ars）与希腊语卓越（aretēs）相关。[5]它是一种制造东西的力量和能力（virtus operativa），因此是一种实用智性的力量。艺术属于制造的领域，而非行动的领域。行动下辖于道德，服从于审慎美德的约束。在神学家看来，艺术和审慎之间有着某种相似性；但是，审慎在寻求善并努力向善的偶然状况中统辖着实际判断，而艺术所协调的操作既包括雕塑等对物理材

第217页
圣伯纳
约1447—1469年
纽约：大都会博物馆修道院分馆

第219页
克里斯蒂娜·德·皮桑
书房里的克里斯蒂娜·德·皮桑
取自**《女王手抄本》**
约1410—1414年
伦敦：大英图书馆

[1] S. T., I—II, 57, 4.

[2] Alexander of Hales, *Summa Theologica*, II, 12.

[3] Cassiodorus, *De Artibus et Disciplinis Liberalium Litterarum*, Preface (PL, 70, col. 1151).

[4] John of Salisbury, *Metalogicon*, translated by Daniel D. McGarry (Berkely and Los Angeles, 1962), I, 12.

[5] Isidore of Seville, *Etymologiae*, edited by W. M. Lindsay (Oxford, 1911), I, 1.

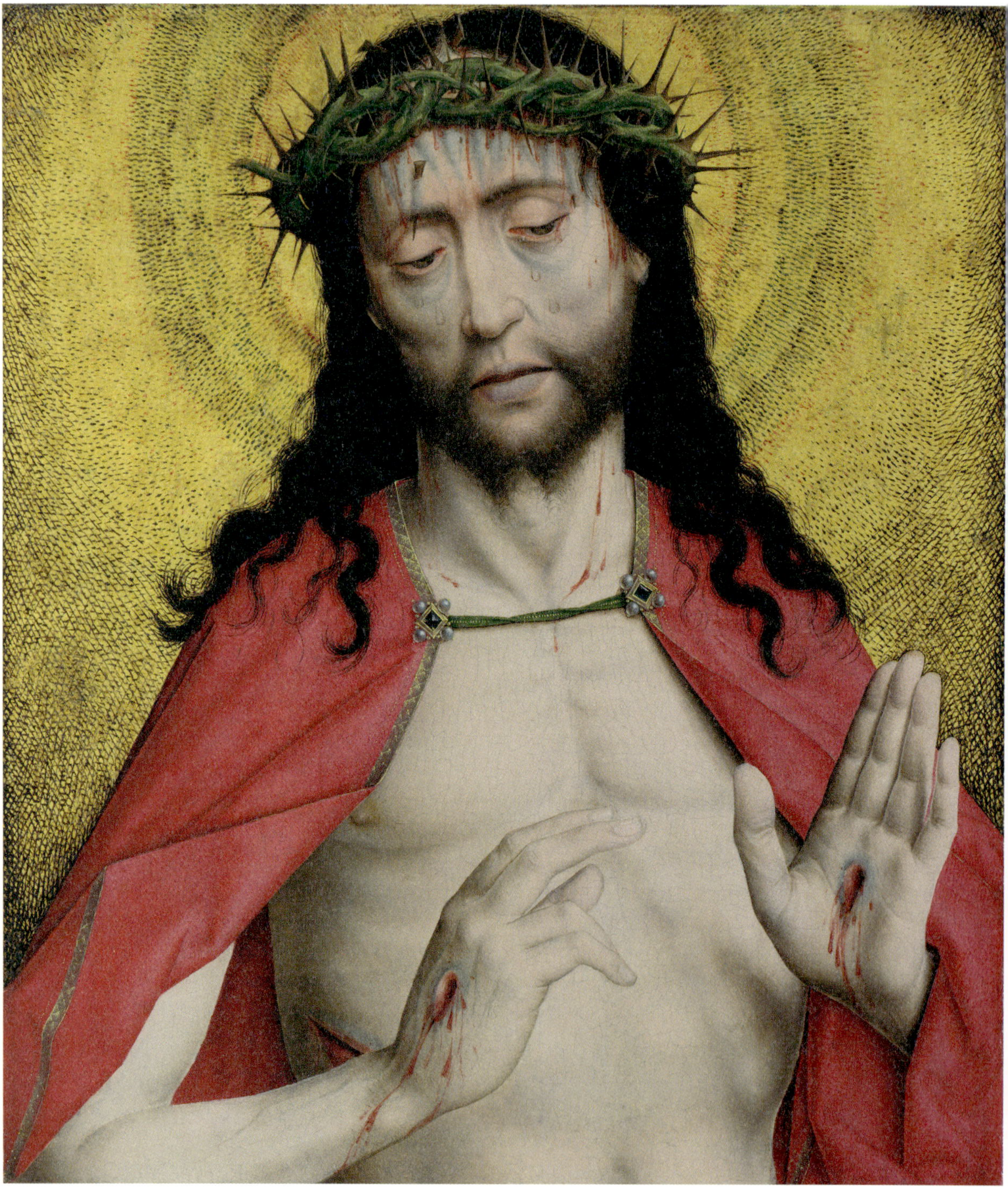

料的操作，也包括逻辑和修辞等对精神材料的操作，其目标在于创造目的产物。艺术旨在生产作品之善（bonum operis）。比如说，铸剑大师关心的是如何制作出一把好剑，他们并不关心这把剑是用作善还是恶的用途。[1] 因此，中世纪艺术理论的两个主要特点是理智主义和客观主义：艺术是根据物体自身的法则构造物体的科学，没有科学的艺术，什么都不是（ars sine scientia nihil est）。艺术不是表达，而是构造，是以达成特定结果为目的的操作。

无论是造船、建筑、绘画还是制作锤子，艺术都意味着构造。相似的，工匠（artifex）一词用于铁匠、演说家、诗人、画家和剪羊毛的人。中世纪艺术理论的另一个著名特点是：艺术（ars）是一个外延宽泛的概念，涵盖我们今日所说的技术和手工艺。实际上，中世纪艺术理论首先是一种手工艺的理论。工匠构造的作品能补完、整合或延伸自然。人类之所以成为艺术家，是因为人拥有的

第 220 页
迪里克・鲍茨
戴荆冠的基督
约 1470 年
伦敦：英国国家美术馆

第 221 页
彩色玻璃上的香料商人
12 世纪
沙特尔：沙特尔主座教堂

[1] S. T., I—II, 57, 3.

才能是如此之少：人赤条条地降生，没有长牙和利爪，无法快速奔跑，没有壳或自然铠甲护体。但是人可以观察并模仿大自然的作品。人看见水沿着山坡流下，于是为房屋发明了屋顶。[1]"世上的每一件作品，若不是造物主的作品或自然的作品，便是工匠模仿自然的作品。"[2]

不过，即使说艺术模仿自然，这也不意味着人只会卑微地沿袭自然客体。艺术具有创造性，需要独创力。艺术将离散的东西聚合，将聚合的东西离散；它延伸自然的操作；它就像自然一样具有生产力，并延续着自然的创造性劳动。艺术模仿自然（ars imitatur naturam）固然不假，但它模仿的恰恰是"自然的操作方式"（in sua operatione）。[3]第二个短语是中世纪艺术表述的关键，它实际上比人们想的更重要。中世纪艺术理论事关人类技术的根本能量，及其与自然的根本能量之关系，中世纪艺术理论正是因为这一观点才有趣。

在《元逻辑》中，索尔兹伯里的约翰对此关系做了最富有成果的分析。他认为，艺术让人类有能力去实现内在于自然的可能性，人在自然的基础上做出改进，制造出比自然本身更优秀的事物：

> 它以具有可能性的简单直接的做事方式，替代大自然挥霍、迂回的做事方式。因此，它获得了一种克服难事的能力。希腊人称其为 methodon，即高效的方案。它避免了自然的浪费，在其蜿蜒的漫步中开出一条直达的道路，如此我们就可以更加准确容易地完成我们要做的事。无论自然多么有生机，只要它不经过训练，它都无法达到艺术的这一能力。与此同时，自然是所有艺术之母，自然给予艺术理性，帮助它进步，并趋于完美。[4]

自然鼓舞思维的天赋——内在于心智的一种力，自身具有力量

亚当与夏娃

取自**《埃斯科里亚尔版比亚托启示录注释》**

10 世纪

马德里：西班牙国立图书馆

[1] Hugh of St. Victor, *Didascalicon*, I, 9.

[2] William of Conches, *Comm. In Timaeum*. Quoted in ET, II, p. 266.

[3] S. T., I, 117, 1.

[4] John of Salisbury, *Metalogicon*, I, 11.

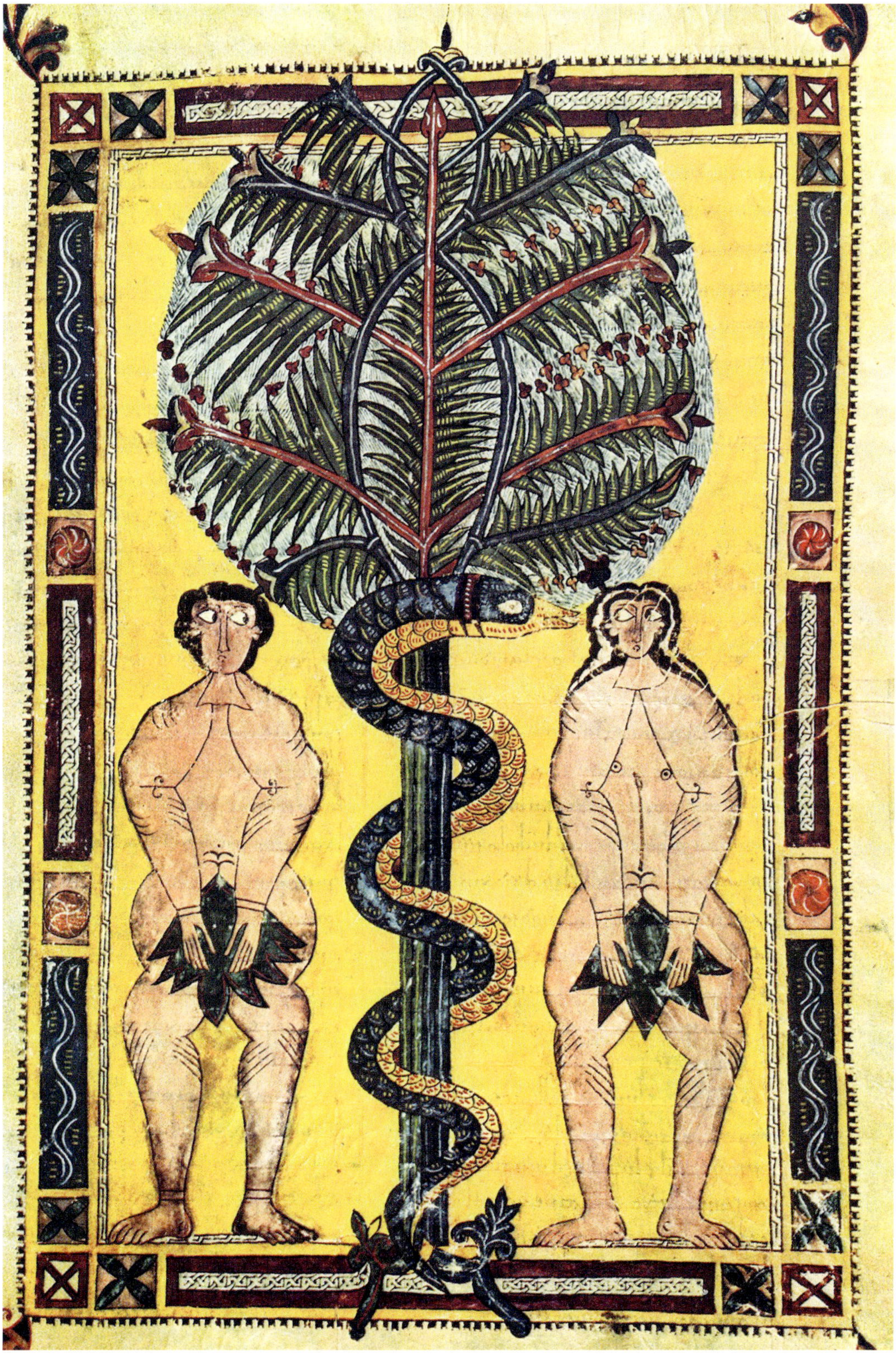

（vis quaedam animo naturaliter insita, per se valens）[1]——去感知和记忆物体，考察和系统化物体。艺术和自然在这一持续的生长过程中互相鼓舞。当索尔兹伯里的约翰使用“天赋”（ingenium）一词时，它并不具有风格主义者所使用的意义。他指的仅仅是制作的能力（virtus operandi）。但是他使用“自然”一词时，他的用法已然具有了 12 世纪的文化气息。自然意味着某种具有活力的有机事物，它是上帝的使者，也是形式的积极母体。

二

到了 13 世纪，与自然能量密切相关的艺术构想开始衰落。取而代之的是一种关于艺术形式的本体论，它对艺术的可能性施加了限制，因此使得中世纪正统的艺术概念与歌德的创造（Schöpfertung）概念截然相反。对于阿奎那而言，自然有机体和艺术有机体之间有着深刻的本体论区别。由艺术家为质料引入的形式是一种偶然形式，而不是实质形式。艺术家可获取的质料并非纯粹的潜能，它并不是原料（ex qua）的质料；事实上，它本就已是实质，已是行动。它实际上是一种本质（in qua）的质料，比如大理石、青铜、陶土或玻璃。它可以被赋予偶然的形式，被塑造成具体的形象，然而它的实质本性依然完好无损。[2] 阿奎那写道：“艺术作用于由自然提供的材料。”[3]他用制作雕塑的铜料为例。它本身只具有成为雕塑的潜能；它本身不具形象，缺乏形式。但是，雕塑的艺术形式只能肤浅地改变它，因为身为铜料的它并不依赖偶然的形式。

这一观点表明，中世纪人对于艺术的构想离艺术是一种创造性力量的观点有多远。艺术最多可以产生形象之美，它对材料的安排只能是肤浅的。它在居于首位的自然面前必须维持着对于本体的谦卑。艺术并不能为产出的物体引入新的秩序，物体只能局限于实质的限制中。它们只是“被度量的方式化约为形象”。[4] 它

第 225 页
诗人海因里希·冯·费尔德克
取自**《马内塞古抄本》**
约 1300—1340 年
海德堡：海德堡大学图书馆

第 226—227 页
弗朗切斯科·波提契尼
圣母升天
约 1475—1476 年
伦敦：英国国家美术馆

[1] John of Salisbury, *Metalogicon*, I, 11.
[2] 这一论证在 Aquinas, *De Principiis Naturae* 中得到展开。
[3] *Comm. De Anima*, II, 1, 218.
[4] S. T., II, 2, 1.

her heinrich von Veldig. XVI.

Der herzoge von Anhalte. VIII.

们通过维系它们的材料而得以存在，至于自然物体则通过上帝的参与而存在。[1]

圣文德也持相同观点："灵魂可以制造新的组合，但不能制造新的事物。"[2]他说世界上有三种力在运作：第一种力是上帝，他从无中创造；第二种力是自然，它作用于潜在的存在；第三种力是艺术，它作用于自然，以存在之物为预设。[3]他认为艺术家无法作用于事物的实质。[4]"在制造出来的物体中……行动主体对于行动接受者并无积极作用，只有局部的修正或改变。"[5]艺术家可以加快自然的生产节奏，却不能与之竞争。

这些观念在大众经院哲学和大众舆论中普及开来，成为当时的常识。让·德·摩恩在《玫瑰传奇》(在阿奎那写下《神学大全》不久之后，他续写了该诗的下卷)的一个段落中，探讨了自然对于实质的保护。在这一段落的中间，他离题万里，写到了艺术的本性。他说，艺术不像自然一样，能生产真正的形式。它必须对自然俯首称臣(如同一个学艺不精，但渴望模仿她的乞丐)，请求自然指导如何在艺术的形象中捕捉现实。但是，即便在模仿自然的作品时，艺术也不能创造活生生的物体。在这一问题上，哲学家的本体论怀疑转而变为天真幻想的破灭，因为人们发现艺术可以创造"骑着华美战马，身披蓝、黄、绿或其他颜色相间的铠甲的骑士；草木间的鸟；诸大洋的鱼；在林间漫步的残暴野兽；于春天在林间被孩子和年轻人采摘的植物和花"——艺术可以创造出所有这些形象，却不能让它们行动、感受或说话。

我们不应该认为中世纪人的这种感性是对艺术的真实本性和价值的视而不见。和阿奎那一样，让·德·摩恩也关注如何在科学而非审美的层面上明确艺术和自然的可能性。出于此种目的，摩恩忽略艺术的审美层面也就理所当然了。阿奎那和让·德·摩恩的区别实则在于别处。诗人摩恩其实想要证明炼金术比艺术更为优越；因

骑士比武中的安哈尔特亨利一世
取自**《马内塞古抄本》**
约 1300—1340 年
海德堡：海德堡大学图书馆

[1] *Summa Contra Gentiles*, III, 64.
[2] St. Bonaventure, *In III Sent.*, 37, 1, dub. 1.
[3] *In II Sent.*, 7 (pars 2), 2, 2.
[4] *In II Sent.*, 1, 2 ad 2.
[5] *In II Sent.*, 7 (pars 2), 2, 2.

为当时的人们相信炼金术可以改变实质。我们在这里看到，即使是当时的世俗文化也吸纳了经院哲学的方法和概念，这其中正蕴含着文艺复兴人文主义的科学和哲学的发端。

虽然艺术形式的本体论有其局限之处，但它在审美和艺术之间架设起一座明确的桥梁。两者都基于形式的概念。阿奎那提出，我们之所以感到艺术形式令人愉悦，审美体验容易令人沉浸，那是因为它不要求我们去理解和穿透实质复杂的核心。艺术形式恰恰是经验的、表面的。[1]

三

虽然中世纪人将艺术与审美联系，但是他们对具体的艺术只有浅薄的了解。他们缺少高雅艺术的理论。他们对艺术不存在现代意义上的构想，他们不认为事物被构造出来的主要功能是在审美上得到欣赏，他们也不认为物体将由此获得崇高的地位。对于他们来说，定义或整理各类生产性活动是一件困难的事情，这就是为什么他们在构建艺术体系时历经了这么多波折。

亚里士多德区分了奴性艺术（arti servili）和人文艺术（arti liberali，字面意思为“自由艺术”）。[2]而中世纪的艺术体系的观念源于盖伦的《药学》。曾有几位中世纪作者提出过这样的体系，包括圣维克多的修伊、隆尚的鲁道夫和多明尼库斯·贡狄萨利努斯。贡狄萨利努斯于 1150 年阐述了他的亚里士多德式体系。[3]他说雄辩术名下的诗学、语法和修辞都是高级艺术。机械艺术则是低级艺术。[4]实际上，人们普遍认为奴性艺术受到其物质特性和体力劳动的损害。阿奎那说手工艺术是奴性的，而人文艺术的优越性在于其理性的主题和质料，而且它是一门心灵艺术而非体力艺术。确实，人文艺术

[1] S. T., I, 77, 1 ad 7.

[2] Aristotle, *Politics*, VIII, 2.

[3] Domenico Gundisalvi, *De Divisione Philosophiae*, edited by Ludwig Baur (Münster, 1903).

[4] 一些作家证实了这一观点，称 mechanicae 一词源于动词 moechari，即乱伦。这一语源在圣维克多的修伊处再次出现，*Didascalicon*, I, 9。

不具有抽象定义的艺术能产性；但“因为某种类比的相似性”（per quandam similitudinem），它们都是艺术。[1]实际上，这导致了一个悖论。吉尔森一针见血地点评道，当理性有志趣**制造**某种东西时，艺术便出现了；它制造得越多，这越成其为艺术。然而，当理性在制造中参与得越多，艺术的本质就变得越奴性，艺术也就变得越低级。[2]

这种理论表达出一种贵族阶层的视角。奴性艺术和人文艺术之间的区别展现了一种思维方式，在其中最高善为知识和默观，是智性的善。它反映了封建和贵族社会的价值观，就如同在希腊，它反映出寡头政治社会的价值观，因为在这样的社会中，体力劳动通常为获取酬劳，不可避免地显得低等。社会因素使得这一理论坚不可摧，以至于即便前提不再符合事实时，它依然留存下来，成为一种固执的偏见。在文艺复兴时期，它将引发关于雕塑家地位的激烈争论。

也许中世纪人记得昆体良的教诲：“有学识的人懂得艺术的本性，无学识的人只懂得艺术的感官享受。”[3]在艺术理论对艺术的定义中，有些东西是只有有学识的人可以体验到的，而艺术实践和教学却关乎感官享受。任何高雅艺术和技术之间的可能区别，都被人文艺术与奴性艺术之间的区别所吞没；然而，奴性艺术只要具有道德说教作用，能够通过美物的愉悦传达信仰或科学的真理，它就会被视作高雅艺术。阿拉斯教会会议称：“未受教育的人无法阅读《圣经》来欣赏真理，但可通过默观图画来理解。”[4]伯纳·西尔维斯特里斯如此谈论诗：“在叙事寓言的表面之下，它是一种对于智性真理的表现。”[5]

对于仅用于愉悦的艺术，中世纪人只会偶尔提及这一观念。圣

[1] S. T., I—II, 57, 3 ad 3.

[2] Etienne Gilson, *Painting and Reality* (London, 1957), p. 31.

[3] Quintilian, *Institutio Oratoria*, IX, 4.

[4] Synod of Arras, chap. XIV, in *Sacrorum Conciliorum Nova et Amplissima Collectio*, edited by J. D. Mansi, 53 vols. (Paris & Leipzig, 1901—1927), XIX, p. 454.

[5] Bernard Silvestris, *Commentary on the Aeneid*, Prologue, edited by Julian Ward Jones and Elizabeth Frances Jones (Lincoln and London, 1977), p. 3.

托马斯·阿奎那曾赞许女性的发型和消遣，以及文字游戏和夸张表现。但这些称赞均有实际理由。他说，女人通过装扮自己来培养丈夫的爱，此乃善事；游戏“消除我们劳作后的疲惫”，因而给我们带来快乐。[1]

四

尽管受到多方面的限制，我们依然有可能从中世纪美学中提取出关于高雅艺术的观点和构想。在这方面，《加洛林书》中有一些重要的段落，这部作品是为查理曼宫廷所写，一度被归于阿尔琴名下，但如今被追认为是奥尔良的提奥杜尔夫主教的作品。[2] 它源于尼西亚公会议，这场于公元 787 年举行的公会议曾赞同使用圣像，因而反对圣像破坏。加洛林王朝的神学家赞同公会议的观点，但是他们表达赞同意见的方式见诸于对艺术和图像之本性的微妙观察中。他们称，崇拜圣像是愚蠢的，将圣像当作危险物毁坏同样愚蠢。图像有其自主领域，它以自身的方式成立。图像是 opificia（制造出来的物体），是世俗艺术的物质产品，不应该有任何神秘意义的功能。没有超自然的力催生它；没有天使引导艺术家的双手。艺术既不是宗教的，也不是不信教的，它在信仰上是中性的。图像里没有什么奥秘可供崇拜或尊敬，因为它只是艺术家天赋的产物。“图像生于美，并部分地由艺术家的天赋塑造。”[3] 图像的价值不在于再现圣人，而在于制作精良且使用相称的材料。以《圣母子像》为例，只有写在下方的作品名告诉我们它是一件宗教作品。它自身则只是再现了一个抱着孩子的女人，它也可能是维纳斯和埃涅阿斯，阿尔克墨涅和赫拉克勒斯，或安德洛玛刻和阿斯蒂阿纳克斯。我们完全可以设想这样两幅画像，其中一幅画的是圣母玛利亚，另一幅画的是异教女神，“两幅画中的形象、色彩和所用材料都相同，只有题目不同”。[4]

第 232 页
阿诺尔福·迪坎比奥
圣彼得像
13 世纪
罗马：圣彼得大教堂

第 234 页
让娜·德芙圣母子像
约 1324—1339 年
巴黎：卢浮宫

第 235 页
巴黎圣母子像
14 世纪
巴黎：巴黎圣母院

[1] S. T., I—II, 32, 1 ad 3.
[2] *Libri Carolini*, PL, 98, cols. 941—1350.
[3] *Libri Carolini*, II, 27 (PL, 98, col. 1095).
[4] *Libri Carolini*, IV, 16 (PL, 98, col. 1219).

La·Royne Jehe Deureux·Royne de france·et de Navarre compaigne du·

这一对于艺术自主性的有力肯定，与苏杰的寓言理论和教堂诗学理论形成了鲜明对比。《加洛林书》的美学既关乎纯粹的可见性，又关乎具象艺术的自主性。当然，这只是加洛林文化的一个侧面；实际上，加洛林时期的一大特征是对异教寓言的持续批判。但是，我们刚刚论及的段落大量罗列了陶器、灰泥作品、绘画、插图、贵金属制品等艺术作品，这又证实了作者的高雅品位。加洛林文艺复兴也以热爱古典诗歌而闻名，这意味着人文主义的感性已然呼之欲出。

当神学家仍然在为艺术理论搭建架构时，有关艺术准则和实践的大量技术文献已然开始出现。在这类手册中，最早的两部是《色彩与罗马艺术》和《技术入门》（*Mappae Clavicula*）。在这些书中，技术要点与古典主义的回响以及动物寓言的幻想互相融合。[1] 此外，诸如此类的作品富含着与美学相关的观察。它们显现出对于审美与艺术之间的关联的清晰认识，并且充斥着对于色彩、光和比例的观察。

接着，在 11 世纪出现了著名的《百艺图》。该作品由名为提阿非罗的神职人员撰写，经沃尔芬比特尔图书馆的莱辛发现。[2] 提阿非罗写道，既然人是根据上帝的形象而创造，那么他便拥有为形式赋予生命的力量。他通过偶然性和对自身灵魂的反思，发现了自己对美的需求，并通过实践和努力，发展出自己的艺术力量。他在《圣经》中发现了一条关于艺术的神圣戒律——大卫王唱道："耶和华啊，我喜爱你所住的殿。"这句话有着明确的指示；艺术家必须接受圣灵的指引，怀着谦卑之心工作，因为没有神圣的灵感，他将无法开展创作。他在艺术上创造、学习或懂得的一切都是圣灵的七种恩赐的果实。通过**智慧**，他理解了艺术是由上帝传递给他；依据**理解**，他明白了万物的规则和尺度；依靠**忠告**，他愿意将其手艺的秘密传给学生；凭借**毅力**，他在创作的挣扎中不屈不挠；余下三种恩赐也皆有其功用。提阿非罗基于这些神学前提，进一步列出一长串（特别是关于玻璃器皿的）实践准则。此外，他也显示出对于具象艺

庄严圣母子像

约 1175—1200 年

纽约：大都会博物馆修道院分馆

[1] See J. Schlosser-Magnino, *Die Kunstliteratur* (Vienna, 1924), pp. 26f.

[2] Theophilus, *De Diversis Artibus* (*Schedula Diversarum Artium*) edited and translated by C. R. Dodwell (London, 1961).

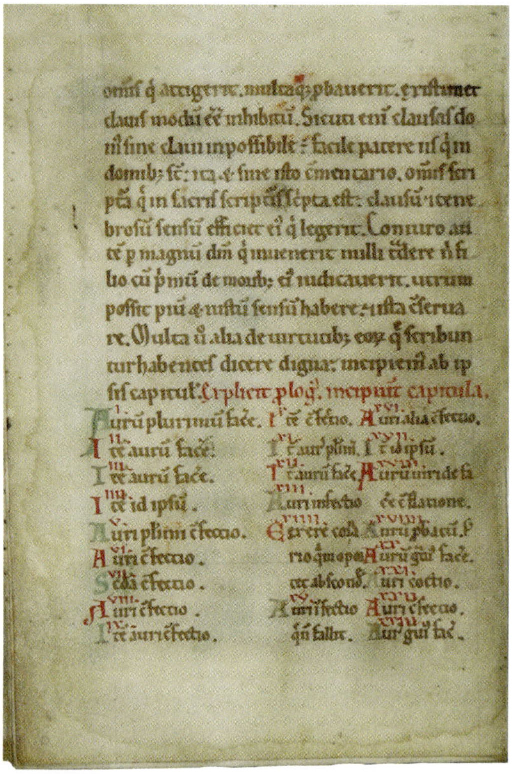

omnis q attigerit. multaq pbauerit. extimet
clauis modu ee inhibitu. Sicuti eni clausas do
mus sine claui inpossibile e facile patere nisi q in
domib sut: ita et sine isto cmentario. omnis scri
pta q in sacris scripturis scripta est: clausu et tene
brosu sensu efficiet ei q legerit. Coniuro aut
te p magnu dm q inuenerit nulli tdere n fi
lio cu p mu de morib ei iudicauerit. utrum
possit prius et iustu sensu habere et ista seruua
re. Multa u alia de uirtutib eor q scribun
tur habentes dicere digna: incipiemus ab ip
sis capitul. Explicit plog. incipiunt capitula.

I. Auru plurimu face. XV. Ite effectio. XVI. Auri alia effectio.
II. Ite auru face. XVI. Ite aur plim. XVII. Ite id ipsu.
III. Ite auru face. XII. Ite auru face. XVIII. Auru uiride fa
IIII. Ite id ipsu. XIII. Auri infectio cu effilatione.
V. Auri plim effectio. XIIII. Extere colla. XVIIII. Auru pbatu. p
VI. Auri effectio. rio q in opa. XX. Auru gui face.
VII. Scda effectio. te absconde. XXI. Auri coctio.
VIII. Auri effectio. XV. Auri infectio. XXII. Auri effectio.
IX. Ite auri effectio. q n fallit. XXIII. Aur gui face.

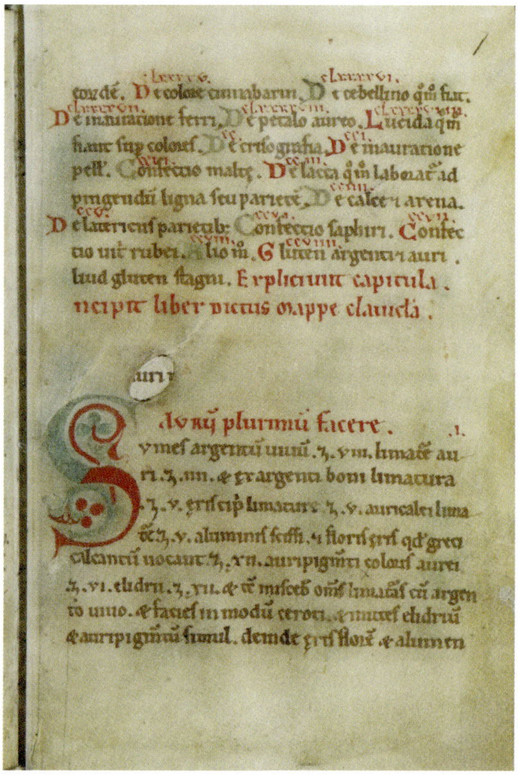

cor de. clxxxv. De colore cinnabarin. clxxxvi. De tebellino q m fiat.
clxxxvii. De inauratione ferri. clxxxviii. De petalo auro. clxxxviiii. Lucida q m
fiat sup colores. CC. De crisografia. CCI. De inauratione
pell. CCII. Confectio malte. CCIII. De lacca q m laborat ad
pingendu ligna seu parietes. CCIIII. De calce et arena.
CCV. De clariensis parietib. CCVI. Confectio saphiri. CCVII. Confec
tio uit rubei. CCVIII. Alio m. CCVIIII. Gluten argenti et auri.
Aliud gluten stagni. Explicit capitula.
Incipit liber dictus mappe clauicula.

auri

Ad auru plurimu facere. I.
Sumes argentu uiuu. 3. VIII. limature au
ri. 3. IIII. et ex argenti boni limatura
3. V. eris cip limature. 3. V. auricalci lima
ture 3. V. aluminis scissi et floris eris qd greci
calcantu uocant. 3. XII. auripigmenti coloris aurei
3. VI. elidru. 3. XII. et te misces omnes limaturas cu argen
to uiuo. et facies in modu ceroti. et mittes elidriu
et auripigmentu simul. deinde eris flore et alumen

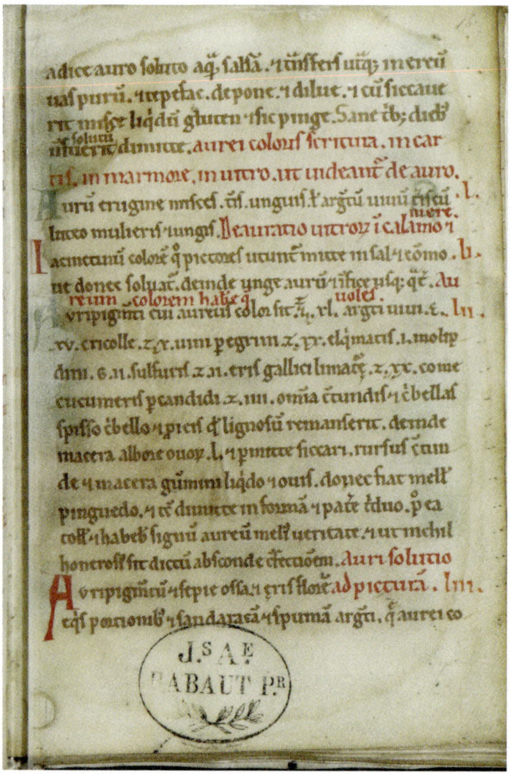

adicit auro soluto aq salsa. et transferis usq in ereu
uas puru. et repelas. depone. et dilue. et cu siccaue
rit misce liqdu gluten et sic pinge. Sane cu dicto
(ut solutu) fuerit dimitte. Aurei coloris scriptura. in car
tis. in marmore. in uitro. ut uideant de auro.
Auru erugine misces. et unguis. t argentu uiuu et fru
(niere) ineo mulieris et ungis. Deauratio uitror in calamo et
lacinctinu colore q pictores utunt mitte in sal et in como. LI.
ut donec soluat. deinde unge auru et sic usq qt. Au
(reum colorem habeq) (uoles)
Auripigmenti cui aureus color sit 3. XL. argti uiui 3. LII.
XV. cricolle. 3. X. uini pegrini 3. XX. clamatis. I. molip
dini. 6. II. sulfuris 3. II. eris gallici limature 3. XX. come
cucumeris p candidi 3. IIII. omnia contundis et cbellas
spisso cbello et picis q lignosu remanserit. deinde
macera albore ouor. I. et pmitte siccari. rursus contun
de et macera gummi liqdo et ouis. donec fiat mell
pinguedo. et te dimitte in forma et patere duo. p ea
colli et habebis signu aureu melli ueritate. et ut nichil
honerosi sit dictu absconde effectionem. Auri solutio
Auripigmentu et stepie ossa et eris flore ad picturam. LIII.
eqs portionib et sandaraca et spuma argti, q aurei co

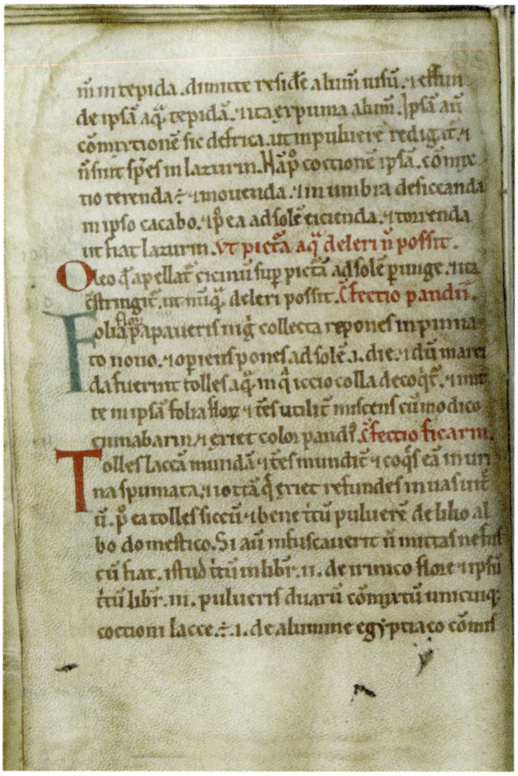

ni in tepida. dimitte reside alumi usu. et effun
de ipsa aq tepida. et ita ex spuma alumi ipsa au
commixtione sic defrica. ut in puluere redigat. et
n sunt spes in lazurin. Hac p coctione ipsa. commix
tio terenda e et mouenda. et in umbra desiccanda
in ipso cacabo. et p ea ad sole eicienda. et teren da
ut fiat lazurin. Ut picta aq deleri n possit.
Oleo q apellat cicinu sup picta ad sole pinge. ita
constringit. ut nuq deleri possit. Effectio pandii.
(flor) Folia papaueris m collecta repones in pinna
to nouo. et operiens pones ad sole I. die. et du marci
da fuerint tolles aq in q iectio colla decoqt. et mitte
te in ipsa folia flor et tes utilit miscens cu modico
cinnabarin. et exiet color pandi. Effectio ficarin.
Tolles lacca munda et tes mundie et coqs ea in ur
na spumata. et iotta q exiet refundes in uas uit
u. p ea tolles siccu et bene tritu puluere de lilio al
bo domestico. Si au infuscauerit n mittas ne fus
cu fiat. istud tritu in libr. II. de iriinco flore et ipsi
tritu libr. III. pulueris duaru commixtu unicuiq
coctioni lacce e I. de alumine egyptiaco commi

术的包容品位。比如，他建议在表现伟大历史事件的图画之间，画上几何图案、花鸟树虫，甚至裸体小人的形象。

当中世纪人开始不成系统地思考具象艺术时，他们毫无疑问会说出一些无法被他们的体系所容纳的观点。例如里尔的阿朗在《反克劳狄乌斯》中写到装饰大自然宫殿的图画时是这么赞美它的："噢，用新的奇观入画！绘画将不存在的事物化为存在。绘画是一门模仿现实、自娱自乐的古怪艺术，它将事物的影子化为事物，将每一句谎言变为真理。"[1]

琴尼诺·琴尼尼将绘画艺术置于仅次于知识、与诗同等的地位，由此给予它新的价值。他认为绘画反映出一种自由且具有建设性的想象力活动，这一观点受到了贺拉斯在《诗艺》中提出的如下思想的影响："诗人和画家向来同样有权享有任何类型的自由。"[2]比琴尼尼更具"中世纪"特色的纪尧姆·杜兰，则特意引用贺拉斯的这一思想为《圣经》的叙事画辩护。[3]

由此，图画开始获得正当的地位；神学家用理论来解释图片之美，也帮助它站稳了脚跟。阿奎那的论述聚焦于形象中的形象，即上帝之子。基督之所以是美的，是因为他是圣父的形象，而所谓形象便是"由人给予某物的形式"。[4]上帝之子因此具有美的三大属性。他在自身实现了圣父的本性，此乃完整性；他是"圣父的表现形象"（imago expressa Patris），此乃协和；他是圣言，是表达，是智性的光辉，此乃鲜明性。

圣文德甚至更为直截了当。他为图像之美提出两个理由，哪怕其模仿的物体本身不美也成立。他说，图像如果构图好，忠实地再现它模仿的对象，它就是美的。"一幅描绘魔鬼的图像，如果能很好地再现魔鬼的邪恶，那么即便图像自身是邪恶的，它也可以被称作'美的'。"[5]图像描绘丑陋的物体时，如果它"丑陋"得令人信服，它便是美的。由此，大教堂里的恶魔雕像就得到了辩

《技术入门》内页
12 世纪
纽约：康宁玻璃博物馆拉科夫图书馆

[1] Alan of Lille, *Anticlaudianus*, translated by James J. Sheridan (Toronto, 1973), I.
[2] Horace, *Ars Poetica*, 9—10.
[3] Guillaume Durandus, *Rationale Divinorum Officiorum*.
[4] S. T., I, 35, 1 ad 2.
[5] St. Bonaventure, *In I Sent.*, 31 (pars 2), 1, 3 ad 2.

护，而圣伯纳在谴责尘世之美时所显露的无意识愉悦也正是以此为批判性根基。

五

中世纪也有涉及诗和修辞的作品。长久以来，诗学都与语法和格律混淆在一起。虽然诗艺的观念曾在多明尼库斯·贡狄萨利努斯的《哲学门类》中重现，但总的来说，诗学的位置被演讲术的规则占据，其主题既包含散文也囊括诗。如库尔提乌斯所说，中世纪没有专门用于指涉诗歌写作的词汇；格律写作、韵文或以音步写作的概念被马姆斯伯里的亚浩和克吕尼的俄多称为“格律雄辩”（metrica facundia）或“传达诗意的文本”（textus per dicta poetica scriptus）等诸如此类的表达。[1]

真正的批评觉醒发生在12世纪。比如，索尔兹伯里的约翰建议，当我们阅读作家（auctores）的作品时，我们应该遵循沙特尔的伯纳的方法。[2]此时，“新诗”和古代诗之间也出现了一种区别；各类文学运动（如语言净化者、奥尔良学派、反传统主义者等）之间也浮现出各种争议。[3]12世纪至13世纪，旺多姆的马修、文索夫的杰弗里、贝休恩的埃伯哈德和加兰德的约翰皆构想出诗艺的理论，这些理论虽然缺乏哲学性，但在中世纪的诗学史上具有重要地位，并且与美学也不无关系。他们为对称、言语色彩（color dicendi）、语言“趣味”（festivitas）和写作准则定下了许多传统的规矩；不过他们也想出了一些新奇的观念。比如，文索夫的杰弗里谈及材料的硬度和阻力，艺术家只有通过艰苦的努力才能使材料归顺为艺术家所要求的形式。[4]这是中世纪的艺术哲学理论倾向于否认的一个观点，因为它们认为将艺术形式施加于材料之上并不存在困难。

也是在12世纪，伊本·路世德（阿威罗伊）阐述了一种景观的

[1] See E. R. Curtis, *European Literature and the Latin Middle Ages*, chap. 8.
[2] *Metalogicon*, I, 24.
[3] See G. Paré, A. Brunet and P. Tremblay, *La Renaissance du XIIe siècle* (Ottawa, 1933).
[4] See Edmond Faral, p. 203.

诗学，并附以几句关于诗的评论。他所涉及的亚里士多德主义观念并不具独创性，但他对诗和历史做出的区分则与亚里士多德大相径庭，并对中世纪人而言具有新意。他说，叙述故事而非历史的作者给出了一系列事实，但并不指定秩序；而诗人将格律和规则（音步）赋予真实或近似真实的事实，并处理共相的主题。因此，诗不只是一部富有想象力的简单编年史，它更是一种哲学。另一则有趣的评论认为，诗不应该使用修辞或说服的武器。它应该只是模仿，且应该生动到仿佛被模仿的物体就在我们眼前。如果诗人弃置这一方法而采取直截了当的论证，他就是在对自己的艺术犯罪。[1]

在世俗诗歌的影响下，经院哲学开始对这些借由文字和图画进行表达的新观点有所察觉。他们开始认识到，诗涉及的不只是格律的使用。忠实信奉经院哲学传统的哈勒斯的亚历山大坚称，诗是“由人构造而不涉及知识”（inartificialis sive non scientialis）的事

想象中的伊本·路世德与波菲利之辩
取自**《植物与草本书》**
14 世纪
比萨：比萨图书馆

［1］M. Menéndez y Pelayo, pp. 310—344.

物。[1] 不过，诗人群体却获得了一种新的知识，即诗的知识。[2] 行吟诗人发展出灵感的诗学。巴埃纳的胡安在《歌集》的“序言”中写道，作诗是上帝的圣恩。于他而言，诗沿着主观陈述和感受的小径而行。

文索夫的杰弗里宣称，理性应该控制住鲁莽之举，根据预先设想的意图掌控我们的行为。[3] 但是，克雷蒂安·德·特鲁亚告诉我们，当珀西瓦里全副武装跃身上马时，他无视了指导他的骑士的劝告：每一门艺术都需要长期的持续的应用。珀西瓦里对经院的艺术理论不懂丝毫，毫无戒备地将长矛放下：“自然本身将会指引我；当自然期许，内心渴望，没有什么事是困难的。”

穹顶上的耶稣基督镶嵌画
14 世纪
伊斯坦布尔：科拉教堂

[1] *Summa Theologica*, I, 1.
[2] M. Menéndez y Pelayo, p. 416.
[3] *The New Poetics*, p. 34.

第十章

灵感与艺术的地位

第 244 页
古斯塔夫·多雷（绘制），斯特凡·帕内马克（刻版）
但丁
1860 年
伦敦：大英博物馆

第 246 页
沃尔托利纳的劳伦丘斯
阿勒曼尼亚的亨里库斯与学生
取自**《阿勒曼尼亚的亨里库斯的道德书简》**
14 世纪
柏林：版画素描博物馆

一

日积月累间，关于艺术的尊严以及诗性创造力的价值的新意识开始进入中世纪的文化，但是经院理论过于古板，无法吸纳这类构想。不过与此同时，我们也应该留神不要全然怪罪它，仿佛经院理论只行扭曲和谴责之事。

比如，阿奎那虽然将诗称作“低级学识”（infirma doctrina），并且认为“诗缺乏真理，因而无法被人类的理性把握”。[1] 但是他并非彻底否定诗。他只是重复了传统的艺术观点，即艺术是一种“制造”，所以低于纯粹的智性思考。实际上，该句所在的段落是在比较

［1］S. T., I—II, 101, 2 ad 2.

诗和《圣经》，所以诗必输无疑。诗之“缺乏真理”是指，它是一种从事虚构的非科学话语模式。阿奎那写道：“诗人用隐喻再现事物……因为再现究其本性能取悦人类。”[1]从中我们可以得出，在严格意义上，诗再现的对象不可能是知识的对象。撇开这些，阿奎那察觉到了诗的审美和享乐价值。他并未谴责诗，却反映出理论家对诗，尤其是没有教化意义的诗所能带来的愉悦的意兴阑珊。希尔绍的康拉德在《论作者的对话》中写道，诗人被称作虚构者（fictor），“是因为他要么陈述谎言而非真相，要么将谎言掺杂在真相中”。[2]他还进一步写道，在诗歌寓言中，词语经常不具表意能力，而只是人的噪声（sonum tantummodo vocis）。

经院哲学不像现代理论，它无法想象诗具有如下可能性：诗可以用理性思考所欠缺的强度和广度来展现事物的本性。这是因为经院哲学只承认艺术的教化构想。如果诗包含任何可独立证实的真理，那它最多也只能用令人愉悦的方式将其表达出来。但是诗无法发现真理。异教诗人由于不了解启示的真理，只能借由神启灵感道出真

书桌前的手抄本作者
取自**《玫瑰传奇》**
14 世纪
阿伯里斯特威斯：国立威尔士图书馆

[1] S. T., I, 1, 9 ad 1.
[2] Conrad of Hirschau, *Dialogus Super Auctores*, edited by G. Schepss (Wurzburg, 1989), p. 24.

相。塞涅卡曾说："许多诗人书写的是哲学家曾经谈及或应该已然谈及的事物。"[1]但中世纪人只会以最肤浅的方式理解塞涅卡的话：诗也许包含一些哲学和科学讨论。正如让·德·摩恩所言，创作诗歌有时可以被视作在哲学上的浅尝辄止。

不过到最后，一种新的诗论还是在阿尔贝蒂诺·墨萨多等早期人文主义者手中诞生了。墨萨多认为诗是一门科学，也是一份神圣的礼物："它就如同上帝的律法，是一门从天堂降下的科学。"[2]他接着写道，古代诗人是上帝的传令官，在这层意义上，诗可以被视作一种二级神学。阿奎那曾提及亚里士多德对早期宇宙诗人（亚里士多德称其为神学家）和哲学家所做的区分；[3]但是，阿奎那本人认为只有哲学家（在他的观点里他们才是神学家）熟悉神圣领域的知识。相比之下，诗人"如同谚语所言，是个骗子"。[4]他对俄耳甫斯或缪斯女神的神话诗歌表示鄙夷：它最多能通过相似性和寓言，让我们了解诸如水是万物之源等观念。[5]

但后来，早期人文主义者开始将有些可疑的诗人即神学家的概念加入经院哲学的术语体系。这一观念源自他们同拥护亚里士多德理智主义的人（如曼托瓦的乔瓦尼诺神父）的争论。他们以看似传统的观点作为掩护，将一套全新的诗歌概念掺入其中。欧金尼奥·加林描述道：

> 此乃将启示功能赋予诗，将诗视作人类经验的中心和至上时刻的奋力尝试……当人类**看见**自身境况的真实本性……他将自己与事物活生生的节奏联系起来，并加入其中，诗既可将万物翻译成图像，又是一种人类的交流形式。[6]

这种新情感内含于世俗诗之中，并在部分早期人文主义者那里

[1] Seneca, *Ad Lucilium Epistulae Morales*, VIII.

[2] Albertino Mussato, *Epistola IV*. Quoted in E. R. Curtius, p. 215.

[3] Aristotle, *Metaphysics*, 983b—984a.

[4] *Comm. in Metaph.*, 63.

[5] *Comm. in Metaph.*, 83.

[6] Eugenio Garin, *Medioevo e Rinasimento*, p. 50.

圣狄奥多尔和圣乔治在侧的宝座上的圣母子

6世纪

西奈山：圣凯瑟琳修道院

呼之欲出。但是，经院理论则对它大门紧闭。至于《圣经》里的诗篇则被视作与其不同的存在，它们不以装饰为目的，拥有确切的寓言指涉，并最终超越了人类。神秘主义者的视野，以及充斥着信念和恩典的审美狂喜，并不被认为与诗性情感有任何相似之处。除此之外，说教诗歌也从未被视作比哲学更“深刻”的文体。直观和诠释的区别，只关乎神秘主义和哲学的区别，而同说教诗歌和哲学的区别无关。

中世纪的艺术理论对这个问题几乎视若无睹。但是，我们不应吹毛求疵。这一理论的价值在于强调艺术创造的其他方面。它给后世留下了对于艺术的劳作和构造之本性的坚实理解，以及对技术中的艺术元素和艺术中的技术元素的察觉。这些都是前人已经被忘却的教导，美学正在重新听取。

二

中世纪的艺术理论还包含对另一个问题的讨论。不过在这个问题上，它又一次没能对新的诗性实践和诗性自我意识做出公正的评判。这个问题便是艺术家的“范本观念”，即艺术的创造力问题。

在古典美学中，柏拉图的理念论曾经历过变化。它最初被用来诽谤艺术，后来却被用来解释艺术家的内在幻象。古希腊思想由此再次对艺术创造进行评价，开始接受艺术包含自然中并不存在的美之理念或图像的观点。比如，斐罗斯脱拉德相信艺术家可以从自然的模型中，甚至从感知的习惯中将自己解放出来。这是想象之概念的开端，而这一概念之后将成为直观美学的基础。[1]

斯多葛学派对此发展做出了贡献。西塞罗在《论雄辩家》中大致描绘了一种内在幻觉的理论，它将高于所有感官的对象。如果说人仅凭头脑就可以创造出美的事物，那对此无非有两种观点：该事物不如自然中的实在形式完美，或艺术观念具有最高级的形而上完美。当然，普罗提诺持后一种观点。于他而言，内在“理念”是崇

[1] See Augusto Rostagni, ‘Sulle trace di un’estetica dell’intuizione presso gli antichi’, in *Scritti Minori*, 3 vols. (Turin, 1955), I, pp. 356—371.

高、完美的原型，艺术家能够通过它获得对自然基本原则的智性视野。艺术的目标是在材料中体现理念，虽然这么做须花费精力，而且不可能完全成功。质料会对这种塑造方式加以抵制。[1]不过，普罗提诺的观点中更为重要的一点在于，他认识到艺术家内在视野的高贵性，这是艺术家想象中活生生的范本。[2]

所有中世纪人，无论是赞同柏拉图主义的还是信奉亚里士多德主义的，都认为艺术家的头脑中有着范本观念。他们认为艺术作品依据这些观念被构造出来，却不相应地关注这些观念如何被改造以适宜体现在材料上。但是范本观念是如何在艺术家的头脑中形成的呢？它们来自何方？又如何出现在艺术家的意识里？

柏拉图、塞涅卡与亚里士多德
取自**《宗教与哲学著述》**
约 1325—1335 年
格拉斯哥：格拉斯哥大学图书馆

[1] 普罗提诺关于质料与理念的关系，当然不同于亚里士多德关于质料和形式的关系。

[2] 这一艺术理念的理论发展，参见 Erwin Panofsky, *Idea: A Concept in Art Theory*, translated by Joseph J. S. Peake (Columbia, 1968; orig. pub. 1924)。

西莫内·马丁尼和利波·
梅米
天使报喜
约 1333 年
佛罗伦萨：乌菲兹美术馆

根据奥古斯丁的看法，头脑拥有对万物进行增减，以及经由经验改变记忆沉淀的力量。因此，如果我们对渡鸦的形式做增减，我们将会想象出在自然中并不存在的生物。[1]这一思想在本质上就是贺拉斯在《诗艺》开头概述的想象机制。虽然圣奥古斯丁的天赋论为他开启了多种可能性，但他从未远离想象的模仿理论。在中世纪理论中，最接近灵感论的便是我们在上文论及的提阿非罗的《百艺图》。

如今，我们倾向于相信虽然艺术有其独特品质，但这并不是因为它能够独立于自然和经验。我们将艺术看作生活经验与由常规想象过程所带来的秩序和形式的聚焦点。艺术的特殊性源于将秩序和形式化为具体并呈现给感知的特殊**方式**。生活经验、艺术决策和所用材料的自主规律之间有着互相作用的过程。不过，现代美学在很久以前就开始认为，一件艺术作品体现着一种“理念”，现代美学对这一观点的讨论也为我们带来了一些深入的见解。因此，追溯这一观点的历史发展似乎会有所助益。它从中世纪传承至文艺复兴和风格主义；但是在其最重要的阐述（亚里士多德理论）中，其构思过程却未得到充分的解释。它也未能给后续讨论留下多少素材。

对于阿奎那来说，艺术理念以图像的形式存在于艺术家的头脑中，“它是一个范本，事物被构造成与它相似的样子”。[2]他又在别处写道：“运作中的智性会预先构想所要制造的事物的形式；它所掌握的事物形式是对理念的模仿。”[3]这是一种亚里士多德主义立场：这里所说的理念不是实质形式的理念，不是区别于质料的形式，也不是类似于柏拉图主义本质的东西。它实际上是形式的范本观念，而这里的形式是依据形式和质料的联系而构想出来，并与质料合为一体的。“因此严格来说，理念与质料和形式都无关，而是与整体构造有关；它在形式和质料中都起作用。”[4]有机体被单一的范本形式所统辖，而阿奎那强调整体构造的统一性。当建筑师构思一座建

[1] St. Augustine, Letter 7 (to Nebridius), *Letters*, vol. I, pp. 14—19 (p. 18).

[2] St. Thomas Aquinas, *In III Sent.*, 27, 2, 4, 3 ad 1.

[3] St. Thomas Aquinas, *De Veritate*, 3, 2.

[4] *De Veritate*, 3, 5.

筑时，他会考虑其所有特性，它的布局和高度等等。只有次要特性（装饰、壁画之类）才会在房屋建成后予以考虑。这里我们应再次注意，这在严格意义上是一种功能主义的艺术构想；令人愉悦的附加性质与真正的艺术理念无关。

因为艺术家有模仿的冲动，因为艺术家想要复制自然中的物体，所以范本形式可在艺术家的头脑中产生。但是如果艺术家的作品是一个全新物体，比如建筑、故事或怪物雕塑，那么其范本观念就是由幻象所创造。想象力是人类四大内在感知力之一（其他三者为常识之力、估测或思考之力，以及记忆力）；它由沉淀的生活经验构成，“类似一部经感官接收的形式近义词词典”。[1]通过想象力，我们可以让记忆中的物体浮现，就像真的在我们面前一样，我们也可以让多种记忆中的形式组合在一起。[2]这般形式的组合是最为典型的想象力活动，而且要解释它无须牵涉任何其他感官。

> 伊本·西那在估测力和想象力之间安放了第五种力，它能对想象出来的形式进行组合和切割：正如我们可用黄金的想象形式和山的想象形式构造出我们从未见过的金山形式。但是这种活动不发生在除人以外的其他动物身上，只有人类的想象力足以产生这一活动。[3]

这一理论具有鲜明的经验主义和理智主义色彩。其最大的优点在于鲜明性和简洁性。它不借助非理性和超自然的力量来解释艺术。但是，这一理论却缺失了一种更为复杂的概念，即想象力的创造力量，它本可以在中世纪已有的前提上得到阐释。此外，也没有迹象表明，中世纪人意识到，在由智性洞察力和精湛工艺所滋养的艺术中，蕴含着艰辛劳作的过程，并非实际操作**追随**智性的构想，**而是**智性通过制造某物实现构想。正如吉尔森所问，如果说艺术是一种智性的力量，那么它如何能将理念印刻在材料上？智性无法在万物

[1] S. T., I, 78, 4.
[2] *Comm. de Anima*, III, 4, 632—633.
[3] S. T., I, 78, 4.

上实现印刻。[1] 亚里士多德主义对于艺术过程的构想不是一种自发行为，也不引致独特的创造行为。实际上，亚里士多德主义忽视了艺术的主观性和情感性。

三

随着骑士理想的兴起，美善（kalokagathìa）的中世纪基本价值观开始获得愈发强大的审美力量。《玫瑰传奇》和宫廷爱情，都足以作为例证。审美价值观以风格化的方式得到表达，并以神圣的角度得到诠释，由此应用于人类生活。此时，它们演变为社会价值观。女性站在了这一社会和艺术生活的中心。她们在封建社会遭到忽视，此刻却在文学作品中获得不可或缺的一席之地。于是，情感的价值得以提高，叙事诗歌被自白诗歌取代。几百年后，浪漫主义在对中世纪的迷恋中误读了历史；但是，这场运动却在中世纪历史中准确地探测到感受之美的萌芽，察觉到一种充斥着未经餍足的激情的新感性（在浪漫主义中表现为《远方的公主》的受虐倾向），正是它让诗成为对不确事物的表达形式；不过，宫廷和行吟诗人的新诗实际上相当传统，并遵守着刻板的象征体系。

活动头盔
约 1430—1440 年
纽约：大都会博物馆

[1] Etienne Gilson, *Painting and Reality*, p. 32.

经院艺术理论在面对这些动乱时或多或少是茫然的。因为经院艺术理论局限于说教艺术（在这种艺术中，范本观念由预先存在的明晰知识所提供，并根据规则进行表达），故而即便在从前，它也只能部分解释高雅艺术。然而，当但丁说他要表达的是他内心中的爱命令他表达的内容时，即使他所说的爱是依据哲学而定义的，我们也已然接触到一种截然不同的事物。我们对创造力有了崭新的构想，它与激情和情感的世界有着毫不含糊的联系。它预示着现代的审美感性，及其所将面临的所有问题。

只有神秘主义者能够解释新诗的思想、情感和直观特点。虽然神秘主义关心的是灵魂的其他部分，但它仍然为未来的灵感和直观的美学埋下了种子。正如柏拉图传统催生了艺术的理念理论，方济各会对于爱和意志的强调也为感受之美提供了核心。而圣文德的理论，即灵魂深处存在着对于“和谐平衡”的需求，及其界定规则，也同样具有重要意义。它指明了一条前方的道路，未来关于艺术理念和灵感的美学将可以据此定义内心的幻象。

围攻爱情的城堡
约 1350—1370 年
巴黎：卢浮宫

除了方济各会的精神性之外，维克多派神秘学中也有着审美直观的潜在基础。它存在于智性和理性的区别中，其中智性意味着默观和综合视野："默观如风般自由，为其运动吹来奇妙的敏捷。"[1]

犹太—阿拉伯思想也暗含着一种想象力的美学。犹大·哈列维曾在《哈扎尔书》中提及诗人被上天赋予即时内在视野的天赋。他的灵魂中浇灌着和谐的规则，并且可以在他尚不知道如何表达时就向外实显。有的人尽管了解诗的所有规则，却创作不了一行诗句，而"有的人天生是诗人，提笔就可写下令人喜爱、无可挑剔的诗篇"。[2]这标志着波爱修斯的理智主义的终结。对于伊本·西那而言，想象力也能超越感觉的教诲；其印刻来自上天，能够创造出完美的形式："一篇韵文或一种奇美的形式。"[3]除此之外，我们还须留意诗人会因为神意而疯癫的观念。它虽从未上升到理论层面，却贯穿了中世纪的传统。[4]

对于埃克哈特大师而言，每一个造物的形式最先存在于上帝的脑海中。故而每当想象力构想出某物时，这已然是一种启示或智性的天恩；人的观念源自发现而非形成；人构想的任何事物都存在于上帝自身："言辞从原初的'上帝之言'中获得力量。"寻找艺术范本并不意味着着手创造范本，而是指在神秘主义的意义上，将注意力集中于将要被模仿的现实，与其达到一致。不过，存续于上帝之中、传达至人类的观念并不是柏拉图主义的原型，而是各种活动、力量和运作原则的类型。它们是活生生的观念。它们并不作为"标准"，而是作为需要完成的行动观念而存在。现实中的物体从观念中出现，就如同从观念中生长出来一样。埃克哈特的理论让人回想起亚里士多德，只是他的更具观念的活力和生长力。[5]得到表达的图像乃是"形式的散发"（formalis emanatio），并且"清楚自身正在涌现"（sapit proprie ebullitionem）。它并不完全区别于范本，而是与范本享有同一生命；它在范本之中，与之同一。

[1] Richard of St. Victor, *Benjamin Major*, I, 3 (PL, 196, col. 66).

[2] Jehudah Levi (Yehudah Halevi), *Liber Cosri*, edited by J. Buxtorf (Basle, 1660), p. 361.

[3] Avicenna, *Livre des directives et remarques*, translated by A.-M. Gorchon (Paris, 1951), p. 515.

[4] See E. R. Curtius, pp. 474—475.

[5] See Ananda Coomaraswmy, 'Meister Eckhart's View of Art', in *The Transformation of Nature in Art* (Harvard, 1934).

审判巴比伦

取自**《法昆德斯版比亚托启示录注释》**

11 世纪

马德里：西班牙国立图书馆

UBI BABILON. ID EST
ISTE MUNDUS ARDET

安杰利科修士
圣母加冕
约 1432 年
佛罗伦萨：乌菲兹美术馆

图像与图像所呈现的事物并不彼此分离；它们不是两种实体……严格来说，图像是散发，它简单而形式化，将整个纯粹而赤裸的本质倾倒出来。它是一种在静默中起于深处、排除所有外物的散发。它有一种生命。一物之图像从其自身长出，在其身上生长。[1]

[1] A. Spamer, *Texte aus der Deutschen Mystik des XIV und XV Jarhundert* (Jena, 1912), p. 7.

从这些生发观念中诞生了一种看待艺术过程的新视角。如果我们从神秘主义的心理学和三位一体的神学去推导出这些过程，我们会从中识别出一些不再具有中世纪特点的观念，这其中有着新方向的萌芽，趋向于我们当今的美学。

四

当理论家与这些问题纠缠之时，艺术家已经清楚意识到自己的重要性。虽然某些社会、宗教和心理因素倡导谦卑姿态，甚至可能呼吁匿名，但艺术家的自觉甚至在中世纪也从未缺席。

托提洛是一位以艺术家身份生活在圣加仑修道院的僧侣，他曾在中世纪早期备受尊崇。托提洛被视作一位全能艺术家：他相貌堂堂，口才不凡，声音悦耳，精通长笛和管风琴，擅长演讲和对谈，在具象艺术方面造诣颇深。简言之，他是个大写的人，代表了加洛林时代人文主义者的理想。阿伯拉尔也显现出重视艺术家的观点，他在寄给儿子阿斯特洛拉比乌斯的信中写道，逝者在诗人的诗篇中延续生命。我们有足够的史料证明中世纪人对诗人和艺术家的尊敬。

然而，这种尊敬却常常以诡异的方式表现出来。比如，圣鲁夫修道院的僧侣曾在午夜时分绑架了一位年轻画家，而在此之前他一直被阿维尼翁主教座堂的教士据为己有。[1]这类事件实际上表明了一种对于艺术的轻视，一种将艺术家视作可使用和可交换的物品的倾向。它将中世纪的艺术家塑造为一类谦卑地为信仰和社会而奉献的人。文艺复兴时期的艺术家则与之迥然不同，他们狂妄自大，对自己的独特性深信不疑。

经院艺术理论便支持此类谦卑的形象，这是因为它对艺术完全客观主义的构想容不得艺术家在作品上留下个人的印记。除此之外，经院艺术理论还存在着鄙视“机械”艺术的普遍倾向。因此，建筑师和雕塑家不被鼓励追求个人名望。具象艺术家的作品只是城市和建筑施工的一部分，属于团队协作，他们只能在拱顶石上刻下代表个人印记的花押字。这和今日电影的情形倒是挺相似，懒得观看演

[1] See Victor Mortet, p. 305.

职人员表的观众或多或少把电影当作佚名作品。他们会记住情节和人物，但是并不在意主创人员。

然而，诗人的情形相当不同，他们的重要性在古时就得到全面的承认。“机械”艺术只给我们留下了最著名的建筑师的名字，但每一篇诗作都有一位确切的作者，而他已然察觉到自身的风格和思想的原创性。约瑟夫·斯科特、奥尔良的提奥杜尔夫、瓦拉弗里德·斯特拉波、伯纳·西尔维斯特里斯和维特尔波的杰弗里的作品都充分证明了这一点。从 11 世纪起，诗人就明确认识到诗可以让他们名垂青史。恰好大约在此时，艺术（ars）一词开始主要指涉逻辑和语法，对于艺术的研究开始取代对于作者的研究，而后者直到索尔兹伯里的约翰时代还是一门活跃的学科。但是在面对研究兴趣的衰退时，作者反而更加坚持自身的重要性。比如让·德·摩恩曾说，与因写作而声名显赫相比，出身显赫是微不足道的。

因此，担任泥金手抄本画师的总是僧侣，石匠师傅总是与工会捆绑在一起，但是新一代的诗人却成为宫廷诗人，浸淫在贵族的生活中，受到宾主家庭的尊敬。诗人不为上帝工作，也不为社会工作；他们不从事能够由他人接手的项目；他们不试图获得博学之士的认同。他们只想一举成名，飞黄腾达。在泥金手抄本画师中，即使是像林堡兄弟这类为皇亲贵胄工作的匠人，也依然默默无闻。而画家直到过上日常生活，开始在作坊里劳作，一如 13 世纪以来意大利的情形时，人们才开始八卦他们，将他们视作个体。他们由此才成为人们兴趣的焦点，化身个体，并与人群分离。[1]

不过，艺术家的个体自豪感并不完全倚仗他相信自己的作品是个人化且具有原创性的。因为虽然我们讨论过具备潜力的此性概念，但是艺术家的这种信念并未得到哲学的理论支持。往好了说，这一信念在中世纪也是糊里糊涂的，要等到文艺复兴和风格主义的到来，它才会明晰起来。

第 262—263 页
升座基督
取自**《圣塞弗版比亚托启示录注释》**
11 世纪
巴黎：法国国家图书馆

第 265 页
阿格诺洛·布龙齐诺
维纳斯和丘比特的寓言
约 1545 年
伦敦：英国国家美术馆

[1] 关于中世纪艺术家的状况和自我意识，参见 ET, II, pp. 406—420; E. R. Curtius, pp. 485—486; Arnold Hauser, I, pp. 244—252。

第十一章

结语

一

中世纪的美学充满了重复、回流以及时而微不足道的论战，但它大体上有一个方向。我们不应当忘记，即使在美学理论领域，中世纪依然是连接古典时代和文艺复兴的中间阶段。这一时期传承给现代的艺术传统经过了他们自身视野的修正。

这一切始于毕达哥拉斯主义的数字之美，这是对罗马帝国衰亡以降持续了几个世纪的混乱和动荡的回应；之后是加洛林文艺复兴的人文主义美学，它重视艺术的价值和古典时代遗产之美。接着，随着稳定的政治秩序的建立，关于宇宙的系统神学秩序随之诞生；而千禧年恐慌一经过去，美学就成了宇宙秩序的哲学。这源于爱留根纳的影响，他所代表的西北欧文化在加洛林王朝之前的黑暗时代就已然成熟并硕果累累了。再之后，欧洲在“各地建起白色的教堂”，十字军挑唆着中世纪人的狭隘倾向。在信仰的共同战争中，一种新的市民意识开始出现，哲学向自然神话敞开大门。人们开始获取关于自然事物的更为详细的知识，由此，美就从理想秩序的一种性质转变为实在个体的性质。公元 3 世纪的俄利根曾坚称基督外形丑陋，而 13 世纪的神学家将基督塑造为艺术形象光彩夺目的美之原型，在中间的这段时期，基督教思想日益成熟，而关于世间万物的神学也呱呱落地。大教堂展现了《神学大全》的世界，各物在其位：上帝和天使队列、天使报喜和最后审判、死亡、人类工艺以及魔鬼本人都被纳入一套秩序中，而这套秩序将它们全部容纳进创造的实质范畴内，并借由形式得到了表达。

中世纪文明在其演化的巅峰时期曾试图为美、万物的永恒本质等一切提供精确的定义。但是问题在于，虽然人文主义已经经历了世俗化，中世纪文明却依然信奉一种以永恒领域为核心的人文主义。因此，当哲学家仍在思考本质的时候，本质在经验和科学眼中已经改变。系统化的理论不可避免地落后于现实生活的动乱和张力。当中世纪人试图令其政治和神学秩序臻于完美时，这一秩序却正因民族主义的崛起、地方语言的发展、新型神秘主义、社会压力、理论疑虑而面临全方位的危机。经院哲学乃是这个普世天主教国度的意识形态，《神学大全》是其宪法，大教堂是其百科全书，巴黎大学

第 266 页
十字架上的神羔与四福音书作者的徽章象牙板
1000—1050 年
纽约：大都会博物馆

第 269 页
汉斯·梅姆林
年轻女人的肖像
约 1450—1500 年
私人藏品

是其首都，可是到了某个时间节点，当彼得拉克对巴黎的“野蛮人”表示轻蔑，当异端蠢蠢欲动，当现代虔信运动发轫之时，经院哲学不得不与世俗主义的诗学正面交锋。

在大教堂的世界里，虽然连撒旦都有一席之地，痛苦和困惑却无处容身。但是事到如今，世界动荡不安，连最基本的信念都遭到质疑。我们一路从让·格尔森的哀悼来到耶罗尼米斯·博斯：神学符号成了骇人的鬼影，魔鬼也只能为害贫瘠之地了。无论是对于当时正在衰落的北方中世纪传统，还是在意大利诞生的新世界（在这个新世界里，柏拉图主义和巫术对不可见物提出了新的解释，而人文学者则给人类带来其他形式的保障和确信），经院美学都已然捉襟见肘。

二

经院美学虽处处受限，但它仍然回应了周围世界的喜好和感性。李格尔曾在他研究古典时代晚期艺术的著作[1]中表明，特定时期的美学理论能够显示出这个时期的艺术意志（Kunstwollen）：艺术的形式特点会反映在同时代人的理论意识中。我虽力有不逮，也已尽我所能地将中世纪美学的这一状况展现给读者。

不过，我们依然无法不注意到，中世纪美学所采用的各种表述在其语境中是如此具有普遍性，如此逻辑完美，以至于它们要么被用来指涉任何事物，要么就一无所指。而中世纪关于美的哲学就像被玻璃片隔开般与其艺术实践界限分明。一方面，中世纪对于美应当如何有着几何般理性的模式；另一方面，不受调控的艺术生命中上演着形式和意图的辩证法。不过我们仍然看到，中世纪美学的咬文嚼字和唯心主义为我们呈现出那个时代的双重思维，以及理论关于某事应该如何，同与之冲突的生活之间持续的张力。这一双重性并不意味着中世纪价值观未达成融合，它实际上点出了这一融合自相矛盾的特征。那是一个公众场合上演着最极端的残忍和邪恶的时代，但那也是一个在生活中遵奉虔诚信仰的时代——人们坚信着

耶罗尼米斯·博斯
尘世乐园（局部）
约 1480—1505 年
马德里：普拉多国家博物馆

[1] A. Riegl, *Spätrömische Kunstindustrie* (Vienna, 1901).

上帝，追求着道德理想，但是这一切又可以轻易、坦然地遭到违反。如今，我们本着批评的精神回望，会注意到这种文化的矛盾之处。我们无法在单一的正统中调和爱洛伊丝与乔叟、薄伽丘和吉尔·德·雷笔下的人物。但是中世纪人倾向于强调融合和统一，强调用信仰和希望消除矛盾。他们的美学就如同他们的思想，表现出一种最佳的综合状态。他们以上帝的视角看待这个世界。

对于中世纪美学的精准重构本身就是一件重要的事情。除此之外，中世纪美学的普适性和缜密性令其时至今日都仍是宝贵的阅读材料。虽然它的一些特点已经无法为我们所吸收，但它的某些形式范畴仍旧可以激发新颖的见解。詹姆斯·乔伊斯，这位在无限和未来的前线奋战的现代人便是一例。[1] 中世纪的美学与希腊传统并肩携手，可以表达出一种新的美善理想，创造出一种理性的和谐感。这已然体现在自然主义哲学家杜威等人身上。[2] 中世纪美学点明了一种可以将古典美学构想和现代美学构想结合起来的方法；[3] 它展现出这一时期与东方思想确凿、紧密的联系；[4] 它激励我们将艺术构想为构造性和技术性的事务，以此平衡具有典型后浪漫主义美学特征的俄耳甫斯式艺术构想；它还可以催生严谨而富于理性的批评方法。[5] 确实，只要我们细致敏锐地解读中世纪美学，它就可以让我们学到不少东西：这并不是因为它背后的文明优于其他文明，而是因为每当我们为了当下向过去求索时，任何往昔的文明或学说都将具有这样的价值。

林堡兄弟
地狱
取自**《贝里公爵的豪华时祷书》**
约1412—1416年
尚蒂伊：孔蒂博物馆

[1] See Umberto Eco, *The Aesthetics of Chaosmos: the Middle Ages of James Joyce* (Tulsa, 1982); Hugh Bredin, 'Applied Aquinas: James Joyce's Aesthetics', in *Eire-Ireland*, III (Spring, 1968), pp. 61—78.

[2] John Dewey, *Art as Experience* (New York, 1934).

[3] Jacques Maritain, *Creative Intuition in Art and Poetry* (London, 1953) 是这一观点的绝佳范例。

[4] See Ananda Coomaraswamy, *The Transformation of Nature in Art*.

[5] "芝加哥批评学派"中就包含亚里士多德主义与中世纪修辞学的元素。See R. S. Crane, ed., *Critics and Criticism* (Chicago, 1952).

参考文献

我对艾柯教授的参考文献做了些许修改，在可能的情况下和适当之处增加或补充了英语译本，有几处引用了不同的或经过更新的版本。由于原文本出版于 1959 年，我认为增补近期作品会十分有益。

休·布雷丁

文本来源

中世纪美学的文本来源大体上与中世纪哲学一样，不过一部分诗和科学作品也属于美学相关文献。在这一部分，我列出了其中最重要的书目和文章，囊括了几乎所有引文的出处。

Albertus Magnus, *De Pulchro et Bono*, in St. Thomas Aquinas, *Opera Omnia* (see below), vol. VII, pp. 43—47.

Alexander of Hales, *Summa Theologica* (Florence, 1924, 1928, 1930, 1948).

Baumker, Clemens, *Witelo* (Münster, 1908).

Bonaventure, St., *Opera Omnia* (Florence, 1902).

Cennini, Cennino, *Il libro dell'arte*, edited by Daniel V. Thompson (New Haven, 1932); *The Craftsman's Handbook*, translated by Daniel V. Thompson (New Haven, 1933).

Conrad of Hirschau, *Dialogus Super Auctores*, edited by G. Schepss (Wurzburg, 1889).

De Coussemaker, E., *Scriptorum de Musica Medii Aevi*, 4 vols. (Hildesheim, 1963; 1st pub. Paris, 1864—1867).

Faral. Edmond, *Les arts poétiques du XIIe et du XIIIe siècle* (Paris, 1924).

Gerbert, Martin, *De Cantu et Musica Sacra a Prima Ecclesiae Aetate usque ad Praesens Tempus* (St. Blasien, 1774).

——, *Scriptores Ecclesiastici de Musica Sacra Potissimum*, 3 vols. (Hildesheim, 1963; 1st pub. St. Blasient, 1784).

Halm, C., *Rhetores Latini Minores* (Leipzig, 1863).

Holt, Elizabeth G., *A Documentary History of Art*, 2 vols. (New York, 1957; 1st ed. Princeton, 1947), vol. I.

Migne, J. P., *Patrologiae Cursus Completus. Series Latina* (Paris, 1844—1890).

Montano, Rocco, *L'estetica nel pensiero cristiano*, in *Grande Antologia Filosofica* (Milan 1954), vol. V, pp. 151—310; texts in pp. 207—310.

Mortet, Victor, *Recueil de textes relatifs à l'histoire de l'architecture, XIe—XIIe siècles* (Paris, 1911).

Mortet, Victor and Deschamps, Paul, *Recueil de textes relatifs à l'histoire de l'architecture, XIIe-XIIIe siècles* (Paris, 1929).

Pellizzarri, A., *I trattati intorno alle arti figurative in Italia e nella penisola iberica dall'antichità classica al Rinascimento* (Naples, 1915), vol. I.

Pouillon, Henri, 'La Beauté, propriété trancendentale chez les scolatisques', *Archives d'histoire doctrinale et littéraire du Moyen Age*, XXI (1946), pp. 263—329.

Robert Grosseteste, *On Light*, translated by Clare C. Riedl (Milwaukee, 1942).

Suger, *De Rebus Administratione Sua Gestis*, and other writings, in Erwin Panofsky, *Abbot Suger on the Abbey Church of St.-Denis and its Art Treasures* (Princeton, 1946).

Thomas Aquinas, St., *Opera Omnia*, edited by Roberto Busa, 7 vols. (Stuttgart, 1980).

Villard de Honnecourt, *Album de Villard de Honnecourt*, edited by J. B. A. Lassus and Alfred Darcel (Paris, 1968).

Vincent de Beauvais, *Speculum Majus* (Venice, 1494).

William Durandus, *Rationale Divinorum Officiorum* (Treviso, 1479); Book I translated in J. M. Neale and B. Webb, *The Symbolism of Churches and Church Ornaments* (Leeds, 1843).

波爱修斯、塞维利亚的圣依西多禄、卡西奥多罗斯、约翰·司各特·爱留根纳、阿尔琴、圣维克多的修伊、圣维克多的里夏尔、

里尔的阿朗、索尔兹伯里的约翰、孔谢的威廉以及其他学者的作品都可以在米涅的《拉丁教父全集》中觅得。13 世纪美学最重要的文本莫过于普永。蒙塔诺的文集作品在视野上极为宽广，并且对体量庞大的美学哲学文献做了出色的引介。除此之外，此前他也曾出版过一部论述中世纪美学的佳作。不过那部作品与文献中罗列的著述不同，蒙塔诺在前作中广泛地探究了但丁的诗学，以及在其中交汇的诸多中世纪美学的涌流。

概述作品

任何美学史都会对中世纪时期进行概述，但是其中一些作品由于缺乏对中世纪文学和文化的了解，故而水平不佳。

Biondolillo, F., *Breve storia del gusto e del pensiero estetico* (Messina, 1924), chapter 2.

Borgese, G. A., ‘Sommario di storia della critica letteraria dal Medioevo ai nosti giorni’, in *Poetica dell’ unità* (Milan, 1952).

Bosanquet, B., *A History of Aesthetics* (London, 1904), chapter 6.

Croce, B., *Estetica* (Bari, 1902); *Aesthetic*, translated by Douglas Ainslie (London, 1909), Part II, chapter 2.

Gilbert, K., and Kuhn, H., *A History of Esthetics*, second edition (London, 1956), chapter 5.

Saintsbury, G., *A History of Criticism and Literary Taste in Europe*, 3 vols. (Edinburgh, 1900—1904), vol. I, Book 3.

Zimmerman, R., *Geschichte der Aesthetik als Philosophische Wissenschaft* (Vienna, 1858).

这其中水准较高的是圣茨伯里的作品，克罗齐和博赞基特的唯心主义让他们无法看见中世纪问题的真实特征。只有将美学等同于抒情直观的哲学，克罗齐对于中世纪美学的著名评价才能成立；否则这种历史研究的方法只会导致困惑。吉尔伯特和库恩的方法是有益的，偶尔给予人启发，但不幸的是他们主要依赖二手资料。

《马太福音》内页
取自**《林迪思法恩福音书》**
约 700 年
伦敦：大英图书馆

以下作品的水平高很多，都具有奠基意义。

Curtius, E. R., *European Literature and the Latin Middle Ages* (London, 1953).

De Bruyne, Edgar, *Études d'esthétique médiévale*, 3 vols. (Bruges, 1946).

——, *L'esthétique du Moyen Age* (Louvain, 1947) ; *The Esthetics of the Middle Ages*, translated by E. B. Hennessy (New York, 1969).

——, *Geschiedenis van de Aesthetica*, 5 vols. (Anvers, 1951—1955).

De Wulf, M., *L'oevre d'art et la beauté* (Louvain, 1920); *Art and Beauty*, translated by M. Udell (St. Louis, 1950), Appendix.

Glunz, H. H., *Die Literarästhetik des Europäischen Mittelalters* (Bochum, 1937).

Menéndez y Pelayo, M., *Historia de las ideas estéticas en Espana* (Madrid, 1883), chapters 3—5.

Müller, W., *Das Problem der Seelenschönheit im Mittelalter* (Berlin, 1926).

Panofsky, Erwin, *Idea: A Concept in Art Theory* (Columbia, 1968; 1st pub. 1924).

Schlosser Magnino, I., *Die Kunstliteratur* (Vienna, 1924); *La Letteratura artistica*, translated by F. Rossi, 3ed edition (Florence, 1964).

——, *Die Kunst de Mittelalters* (Berlin, 1926).

任何人若想撰写关于中世纪的严肃作品，就必须参考布吕纳的《中世纪美学研究》。该书是原文本的宝库；这也的确是布吕纳写作该书的初衷。这部作品还从事对个人审美观点的研究，分析精准，并将其置于环境中深入考察。此外，该作品对审美问题十分敏锐，时常能在中世纪理论中发现当代人会感兴趣的方面，且毫不牵强附会。布吕纳在 1947 年发表的著作是对《中世纪美学研究》的有力总结，他在其中将材料按照主题而非个人或学派进行组织。然而该书不适合作为参考，因为它并未给出参考文献（故而本书脚注指向《中世纪美学研究》的相关引述）。由于语言因素，布吕纳写于 1951

年至1955年的著作未能触达足够的读者，这令人十分惋惜。《中世纪美学研究》以邓斯·司各脱为结尾，内容一直延续至中世纪晚期，探讨了乔叟、琴尼尼、加尔都西会的丢尼修等；最早则上溯至基督教早期教父时期。

相比于布吕纳，格隆茨的考察则相当局限。他主要关注诗人对自身艺术的意识。他追溯了中世纪文学品位的演变，确认了诗的“审美”构想在14世纪的出现。在论及格隆茨的一篇评述中，布吕纳反对他的观点，认为根据审美潮流的演变而划分历史时期是危险的，因为中世纪美学一直以来的一大特点就是多种潮流的共存。不过，如果要研究艺术家自我意识的问题，格隆茨的书是值得一读的。

施洛瑟·马尼诺的作品可以说是一部体量巨大、组织有序的书目。他对中世纪的论述在艺术理论以及与古典传统美学的对比方面富有洞见。

柯歇斯探索了中世纪拉丁文化所吸纳的欧洲文学文化元素：其焦点、原型、修辞策略等。其作品的多个章节，尤其是庞杂的附录，涉及了美学理论的问题。附录尤其关注了将在之后几个世纪得到进一步发展的艺术构想。

梅嫩德斯—佩拉约探讨了西班牙、阿拉伯和犹太文化的文本和理论。帕诺夫斯基的《理念》是一部针对艺术“理念”的概念史的生动专著，对文艺复兴时期和风格主义论述得深入丰富，但中世纪的部分不够详尽。在意大利语译本（1952）的前言中，帕诺夫斯基认为这本书将会被超越，一个原因是在1924年时，他还未能接触到布吕纳等人的作品。不过，它依然是一部让人受益良多的著作。

关于中世纪文化和审美感性的作品

这部分列出的作品不直接涉及美学，但是对于理解中世纪精神十分有帮助。只有通过它们去理解中世纪的文明和文化，才能够正确诠释中世纪论及美的哲学论著。

Chailley, J., *Histoire musicale du Moyen Age* (Paris, 1950).

Coulton, G. G., *Medieval Panorama* (Cambridge, 1938; 2nd edition

New York, 1955).

Dvorak, M., *Idealismus und Naturalismus in der Gotischen Skulptur* (Munich, 1928); *Idealism and Naturalism in Gothic Art*, translated by Randolph J. Klawiter (Notre Dame, 1967).

Fichtenau, H., *Das karolingische Imperium* (Zurich, 1949); *The Carolingian Empire*, translated by Peter Munz (Oxford, 1957).

Focillon, H., *Art d'Occident* (Paris, 1938); *The Art of the West*, translated by Donald King, 2 vols. (London, 1963).

——, *L'an mil* (Paris, 1952).

Gilson, E., *L'esprit de la philosophie médiévale* (Paris, 1932); *The Spirit of Medieval Philosophy*, translated by A. Downs (New York, 1936).

——, *Les Idées et les lettres* (Paris, 1932).

——, *Héloïse et Abélard* (Paris, 1938).

——, *La philosophie au Moyen Age* (Paris, 1944).

Gregory, Tullio, *Anima Mundi* (Florence, 1955).

Guzzo, A., *Studi d'arte religiosa* (Milan, 1932).

Haskins, C. H., *The Renaissance of the Twelfth Century* (Cambridge, Mass., 1927).

Hauser, Arnold, *The Social History of Art*, 2 vols. (London, 1951).

Huizinga, J., *The Waning of the Middle Ages* (Harmondsworth, 1965).

Krestowsky, L., *La laideur dans l'art à travers les âges* (Paris, 1947).

Langlois, C., *La connaissance de la nature et du monde, d'après les écrits français à l'usage des laïcs* (Paris, 1927).

Malraux, A., *Les voix du silence* (Paris, 1951) ; *The Voices of Silence*, translated by Stuart Gilbert (London, 1954).

Montano, R., 'Introduzione ad un'estetica del Medioevo', *Delta*, V (1953), pp. 59—67.

Mumford, L., *The Condition of Man* (New York, 1944), chapters 3 ad 4.

Nulli, S.A., *Erasmo e il Rinascimento* (Turin, 1955).

Paré, G., *Les idées et les lettres au XIIIe siècle* (Paris and Montreal, 1947).

迪里克・鲍茨
圣母子
约 1465 年
伦敦：英国国家美术馆

Paré, G., Brunet, A., and Tremblay, P., *La Renaissance du XIIe siècle* (Ottawa, 1933).

Taylor, H. O., *The Medieval Mind*, 2 vols. (London, 1911).

Valentini, R. and Zucchetti, G., *Codice topografico della città di Roma*, 4 vols. (Rome, 1940, 1954), vol. III (其中包括一份评述版的 *Mirabilia Urbis Romae*)。

Weymann, U., *Die seusesche Mystik und ihre Wirkung auf die bildende Kunst* (Berlin, 1938).

Worringer, W., *Formproblem der Gotik* (Munich, 1930); *Form in Gothic*, edited by Herbert Read (London, 1957).

对于理解中世纪感性，吉尔森等人的作品不可或缺。如果要理解中世纪人文主义的定义问题，他论爱洛伊丝和阿伯拉尔的书是很好的入门之作。他旁征博引，引述大量拉丁引文，借由罗曼史的壮阔，让读者看到中世纪人所具有的开放的人文主义（从该词的现代意义理解）——该人文主义是如今所说的审美兴趣的一个根本前提。为了进行比对，我还援引了努利关于伊拉斯谟的书。在这一探讨文艺复兴人的著作中，文艺复兴人与中世纪人差异显著，但该书所述的中世纪人仍是传统意义上的。努利的作品体现了近期的一种反中世纪观点，遭到吉尔森等人的严厉批评。努利想反抗的是对中世纪人文主义的恢复，但他的尖刻模糊了他所说明的中世纪精神和文艺复兴精神的真正区别。

豪泽尔在中世纪发现了一种相当特别的丰富性和动荡。他秉承自由派马克思主义的观点，出色地概述了艺术现象、艺术理论与社会经济“基础”之间的关系。该书以通俗风格写就，但基于丰富的资料，包含对于其他更深入的研究——如德沃夏克的作品（豪泽尔实际上是德沃夏克的学生）——的回应。

泰勒的书条理清晰、阐释丰富，有大量引述，探讨了中世纪艺术文化的多个方面：哲学家、百科全书编纂者、神秘主义者、行吟诗人。

福西永的《西方的艺术》是一项充满热情的关于中世纪具象艺术的研究，表现了这一时期的整体文化，热切且具有独创性地创造出一种西方精神。他的《千禧年》清晰说明了这一时期兴起的一种新的人文主义精神。费希特瑙写道，该人文主义在加洛林王朝的文明中就已然存在，只是有其自身独特的特点。芒福德对中世纪感性的发展的叙述引人入胜，中立且敏锐。

我引述赫伊津哈的次数足以说明他对我有多大帮助。他研究的领域固然狭窄，仅涉及14世纪至15世纪的勃艮第文明。他将历史构想与文化作为“戏剧”和风格化的构想结合，这意味着他的诠释是不完整的，但是他的作品最为切题，并涵盖了丰富的史料。衰落阶段的中世纪，在理念和生活方式上展现了其宏伟和苦难，这实际上显露了之前几个世纪的可能性和局限，对于我们理解那一时期十分有帮助。

《罗马城的奇观》记录了中世纪人的艺术考古感性。克雷斯托夫斯基描述了一种对丑的觉察，这似乎与积极的纯粹之美的哲学有些相悖，但圣文德等思想家从形式上维护丑，试图证明其价值。魏曼思考了神秘主义对中世纪晚期艺术的影响，强调其更为“表现主义”的时刻。

马尔罗的写作非常不系统，不适合作为参考。但是他对哥特艺术、中世纪审美体验的心理学发表了有趣的见解。

格雷戈里论12世纪文化复兴的作品，特别关注了源于中世纪神学和诗歌的对于自然的全新心理概念。沙耶探讨了与音乐理论和实践相关的审美感性的发展。

关于音乐秩序和比例之美

在这一部分，我列出了探讨中世纪艺术的数学和音乐层面的作品，及相对应的美学理论。

Albert, J. J., *Die Musikanschauung des Mittelalters und ihre Grundlagen* (Leipzig, 1905).

Allers, R., ‘Microcosmus from Anaximandros to Paraceslus’, *Traditio*, II (1944), pp. 319—407.

Baltrusaitis, J., ‘Le style cosmographique au Moyen Age’, *IIe Congres*

d'ethetique et de science de l'art (Paris, 1937), vol. II.

Combarieu, J., *Histoire de la musique* (Paris, 1910), vol. I.

Ghyka, M., *Le Nombre d'Or: rites et rythmes pythagoriciens dans le développement de la civilisation occidentale*, 2 vols. (Paris, 1931).

Irtenkauf, W., 'Der Computus ecclesiasticus in der Einstimmigkeit des Mittelalters', *Archiv für Musik-wissenschaft*, XIV (1957), pp. 1—15.

Panofsky, Erwin, *Gothic Architecture and Scholasticism* (London, 1957).

——, 'The History of the Theory of Human Proportions as a Reflection of the History of Styles', in *Meaning in the Visual Arts* (Harmondsworth, 1970).

Réau, Louis, 'L'influence de la forme sur l'inconographie de l'art médieavlé', in *Formes de l'art, formes de l'esprit*, by various authors (Paris, 1951).

Silva-Tarouca, A., *Thomas heute* (Vienna, 1947).

Simson, O. von, 'Wirkungen des christlichen Platonismus auf die Entstehung der Gotik', in *Humanismus*, *Mystik und Kunst in der Welt des Mittelalters*, edited by J. Koch (Leiden, 1953).

——, *The Gothic Cathedral* (New York, 1956).

在研究中世纪的音乐理论方面，人们普遍关注比例的概念，而帕诺夫斯基和西姆森将中世纪具象艺术看作比例理论的源头和表现方式。帕诺夫斯基分析了拜占庭、中世纪拉丁、埃及、希腊和文艺复兴的艺术实践和准则中的多种比例概念的多种形式。他对中世纪比例理念的定义相当狭隘，也许在论文《视觉艺术的意涵》中尤是如此；实际上，他是从具体例子中推导出这一定义，并没有参照比例的哲学概念，这让该定义与形而上的美相联系。

崇拜兽与龙
取自**《埃斯科里亚尔版比亚托启示录注释》**
10 世纪
马德里：西班牙国立图书馆

西姆森考察了哥特建筑的起源和经院哲学的秩序概念的关系。他以一些例子说明，宗教体验和特别的世界观对建筑的形式和技术产生影响。比如，沙特尔大教堂反映出沙特尔学派的柏拉图主义。在《哥特大教堂》的一篇附录里，E. 勒维研究了沙特尔大教堂尖顶的比例，多次援引维特鲁威和音乐理论。秩序的美学概念几乎遍布所有的中世纪形而上学；席尔瓦-塔罗卡虽然未明确涉及美的问题，但考察了托马斯主义形而上学中的秩序概念的作用。

象征与寓言

许多作品已在以上列出，如布吕纳和赫伊津哈的著作，他们的作品包含关于中世纪象征和寓言的重要讨论。我在这里再列出更多的专门研究。

Alverny, M. M., ‘Le cosmos symbolique du XIIe siècle’, *Archives*, XX (1953), pp. 31—41.

Baldwin Smith, E., *Architectural Symbolism of Imperial Rome and the Middle Ages* (Princeton, 1956).

Baltrusaitis, J., *Le Moyen Age fantastique* (Paris, 1955).

Comparetti, D., *Vergil in the Middle Ages* (London, New York, 1895).

Dunbar, H. F., *Symbolism in Medieval Thought* (New Haven, 1929).

Huysmans, J. K., *La Cathédrale* (Paris, 1937).

Male, E., *L’art religieux du XIIe siècle en France*, 4th edition (Paris, 1941): *Religious Art in France*, translated by Marthiel Matthews (Princeton, 1978).

Reau, L., *Iconographie de l’art chrétien*, 3 vols. (Paris, 1955—1959), Introduction.

我们可以抛开中世纪寓言写作的初衷，以自由的方式阅读寓言。这可以催生出结构的阐释学，但它过于突出中世纪思维的这一重要方面，因而迷失在了由推测意义织成的网络里。鲍德温·史密斯将中世纪建筑视作一团象征与宇宙的关联，既属于天国也属于帝国，其拱顶和穹顶象征着政治的支配地位。因此加洛林王朝的建筑倾向于显示国家高于教会；沙特尔大教堂前厅的尖顶暗示了院长的亲帝国政治倾向。建筑阐释学本是对艺术形式的严格、有效的社会学诠释，在此却沦落得费解、肤浅。这一特点

维拉尔·德·奥内库尔
《画集》
约 1230 年
巴黎：法国国家图书馆

在海斯曼斯杂乱、浪漫主义的作品中达到极致。不过他的作品很有趣，因为他使用了原始文本，以“世纪末”的颓废术语，重建起中世纪人的百科全书之魂。

马勒对于具象艺术的研究，在重要性、平衡和价值上则全然不同。要理解中世纪具象工艺的寓言构想机制和文化心理学，他的作品是必读之书。马勒经常被批评在诠释中世纪艺术时过于严格地遵循神学。不过，每一种批评视角都有其重视和忽视之处。马勒倾向于首先将大教堂看作教育用途的工艺，是一种说教交流的形式。于是，只有在对基督教做经文、神学、科学的研习之后，我们才能完全理解大教堂。显然，如不考虑这些社会文化假设，任何对中世纪大教堂的理解都会是片面的。纯视觉的美学无法解释其最初意图或其真正的特点。

另一项重要且资料翔实的研究出自雷奥；这是该主题目前最新颖、最前沿的作品。他对多种象征进行了重要的讨论：普世的、动物的、矿物的、植物的、人类的。巴尔特鲁沙蒂斯是一位热衷收集不寻常之物的收藏家，他对稀有、奇异的东西感兴趣。被其他作者称为中世纪寓言的复合创造的意象，他则归为异族文化影响的结果。因此，虽赫伊津哈认为“死亡之舞”是中世纪晚期感性的最典型、最原始的表现之一，巴尔特鲁沙蒂斯却认为这来源于西藏文化。

艺术理论和规则

在这部分，我列出了探讨艺术理论、诗学、修辞和中世纪技术手册的作品。关于这些问题的许多重要讨论，上文已列出的作品均有涉猎，比如马尼诺、格隆茨和柯歇斯的作品。对于中世纪艺术的技术细节构想的分析超出了本研究的范畴，毕竟本书的主题只是哲学理论，而不包含诗学。

Baldwin Smith, E., *Medieval Rhetoric and Poetic* (New York, 1928).

Charland, T. M., *Artes Praedicandi* (Paris and Ottawa, 1936).

Faral, E., ‘Sidioine Apollinaire et la technique littéraire du Moyen Age’, in *Miscellanea Mercati* (Vatican, 1946).

Franceschini, E., 'La Poetica di Aristotele nel secolo XIII', *Atti dell'Istituto Veneto*, 1934—1935.

——, 'Ricerche e studi su Arisotele nel medioevo latino', in *Aristotele nella critica e negli studi contemporanei*, by various authors (Milan, 1956).

Garin, Eugenio, *Medioevo e Rinascimento* (Bari, 1961).

Loumyer, G., *Les traditions techniques de la peinture médiévale* (Paris, 1920).

Maggini, F., *La retorica italiana di B. Latini* (Florence, 1913).

McKeon, R., 'Rhetoric in the Middle Ages', and 'Poetry and Philosophy in the Twelfth Century', in *Critics and Criticism*, edited by R. S. Crane (Chicago, 1952).

Robert, S., 'Rhetoric and Dialectic: According to the First Commentary on the Rhetoric of Aristotle', *The New Scholasticism*, XXXI(1957), pp. 484—498.

Ruggieri, R. M., 'Estetica etteraria del Medioevo', *Cultura Neolatina*, I (1941), pp. 192—212.

Schuhl, P. M., 'Beaux-Arts et Métiers', *IIe Congrès Internationale d'esthétique et de science de l'art* (Paris, 1937), vol. I.

Tatarkiewicz, W., 'Art et poésie dans le dualisme esthétique des anciens', *IIe Congrès Internationale d'esthétique et de science de l'art* (Paris, 1937), vol. II.

加林的作品尤其有趣。他探讨了诗人的自我意识，他对奥卡姆及经院哲学的瓦解的分析十分有价值。麦基翁的文章论证密集，资料翔实。弗兰切斯基尼研究了中世纪亚里士多德主义诗学的历史。他设立标准，由此判定中世纪的哪些思想家使用了亚里士多德主义的艺术理论。中世纪艺术理论的一个特点是，它普遍有着亚里士多德主义的哲学特点，却未意识到亚里士多德的美学。除去伊本·路世德的部分评论，中世纪人未得出重要的诗的定义，这本可以让他们区分一般艺术和美术，或至少区分出诗艺。

具体作者和时期的研究

关于具体作者，我只列出了部分作品。论阿奎那美学的作品数不胜数，而且大部分所讨论范畴超出中世纪美学。不过，我尽力列出了相关文献。

Badt, K. ‘Der Gott und der Kunstler’, *Philosophisches Jahrbuch*, LXIV (1956), pp. 372—392.

Baron, R., ‘L’esthétique de Hugues de St. Victor’, *Les Études Philosophiques*, III (1957), pp. 434—437.

Bizzarri, R., ‘Abbozzo di una estetica secondo i principi della scolastica’, *Rivista Rosminiana*, XXIX (1935), pp. 183—196.

——, ‘San Tommaso e l’arte’, *Rivista di Filosofia Neoscolastica*, XXVI (1934), pp. 88—98.

Callahan, L., *A Theory of Aesthetics According to the Principles of St. Thomas of Aquino* (Washington, 1927).

Chiocchetti, E., *San Tommaso* (Milan, 1925), chapter 5.

Coomaraswamy, A. K., ‘Medieval Aesthetics: Dionysius the Pseudo-Arepagite and Ulrich Engelberti of Strasbourg’, *Art Bulletin*, XVII (1935), pp. 31—47.

——, ‘Meister Eckhart’s View of Art’, in *The Transformation of Nature in Art* (Harvard, 1934).

——, ‘St. Thomas Aquinas on Dionysius and a Note on the Relation of Beauty to Truth’, *Art Bulletin*, XX (1938), pp. 66—77.

De Munnynck, M., ‘L’esthétique de St. Thomas’, in *S. Tommaso d’Aquino*, by various authors (Milan, 1923).

Du Wulf, M., *Études historiques sur l’esthétique de St. Thomas d’Aquin* (Louvain, 1896).

Dyroff, A., ‘Zur allgemeinen Kunstlehre des Hl. Thomas’, in *Festgabe zum 70 Geburstag Clemens Baumker* (Munster, 1923).

Eco, Umberto, *Il problema estetico in Tommaso d’Aquino*, 2nd edition (Milan, 1970).

Gilby, T., *Poetic Experience: an Introduction to Thomist Aesthetics* (New York, 1934).

Groenewoud, A. van, 'De schoonheidsleer van der H. Thomas van Aquino', *Bijdragen van Phil. en Theol. Faculteites der Neederlandische Jezuiten* (1938), pp. 273—311.

Improta, G., *Contributo dell'Angelico Dottore San Tommaso alla dottrina ed all'evoluzione del bello e dell'arte estetica* (Naples, 1933).

Koch, J., 'Zur Aesthetik des Thomas von Aquin', *Zeitschrift für Aesthetik*, XXV (1931), pp. 266—271.

Lingueglia, P., 'Le basi e le leggi dell'estetica secondo San Tommaso', in *Pagine d'arte e di letteratura* (Turin, 1915).

Lutz, E., 'Die Aesthetik Bonaventuras', in *Festgabe zum 60 Geburstag Clemens Baumker* (Munster, 1913).

Marchese, V., *Delle benemerenze di S. Tommaso verso le belle arti* (Genoa, 1894).

Mazzantini, C., *Linee fondamentali di un'estetica tomista* (Rome, 1930).

Melchiorre, V., 'Il bello come relazionalità dell'essere in S. Tommaso', in *Arte ed Esistenza* (Florence, 1956), pp. 215—230.

Merlo, G. M., 'Il misticismo estetico di S. Tommaso', in *Atti dell'Accademia delle Scienze di Torino*, 1939—1940.

Minuto, T., 'Preludi di una storia del bello in Ugo di San Vittore', *Aevum*, XXVI (1952), pp. 289—308.

Montagne, A., 'L'esthétique de St. Thomas', *Bulletin de l'Linstitut Catholique de Toulouse IIe serie*, VI, 1894.

Nemetz, A. A., 'Art in St. Thomas', *The New Scholasticism*, XXV (1951), pp. 282—289.

Olgiati, F., 'San Tommaso e l'autonomia dell'arte', *Rivista di Filosofia Neoscolastica*, XXV (1933), pp. 450—456.

——, 'La *simplex apprehensio* e l'intuizione artistica', Ibid., XXV (1933), pp. 516—529.

——, 'San Tommaso e l'arte', Ibid., XXVI (1934), pp. 90—98.

——, 'L'arte e la tecnica nella filosofia di San Tommaso', Ibid., XXVI (1934), pp. 156—165.

——, 'L'arte, l'universale e il guidizio', Ibid., XXVII (1935), pp. 290—300.

Pancotti, V., *San Tommaso e l'arte* (Turin, 1924).

Philippe, M. D., 'Situation de la philosophie de l'art dans la philosophie aristotélico-thomiste', *Studia Philosophica*, XIII (1953), pp. 99—112.

Raynaud De Lage, G., Alain de Lille, *poéte du XIIe siècle* (Paris and Montreal, 1951).

Rodrigues, M. T., 'Aspectos da estética carolingia', *Revista Portuguesa de Filosofia*, XIII (1957), pp. 158—173.

Sella, N., *Estetica musicale in San Tommaso* (Turin, 1930).

Spargo, E. J., *The Category of the Aesthetic in the Philosophy of St. Bonaventure* (New York, 1953).

Taparelli d'Azeglio, L., 'Delle ragioni del bello secondo la dottina di San Tommaso d'Aquino', 19 articles in *Civiltà Cattolica*, IV (1859—1860).

Tea, E., 'Witelo, prospettico del secolo XIII', *L'Arte*, XXX (1927), pp. 3—30.

Thiéry, A., *Les Beaux-Arts et la philosophie d'Aristote et St. Thomas* (Louvain, 1886).

Valensise, P., *Dell'estetica secondo i principi dell'Angelico Dottore* (Rome, 1903).

Vallet, P., *L'idée du Beau dans la philosophie de St. Thomas d'Aquin* (Louvain, 1887).

Valverde, J. M., 'Introducción a la polémica aristotelico-tomista sobre la trascendentalidad metafisica de la bellezza', *Revista de Ideas Estéticas*, LII (1955), pp. 305—317.

鲁维耶洛斯·德莫拉大师
圣母加冕与三位一体
约 1400 年
克利夫兰：克利夫兰艺术博物馆

中世纪美学的自由阐释

在这部分，我列出的作品是理论导向的，而非历史导向的，其中大部分都是在（不同程度的）新托马斯主义或天主教信仰的背景下写就的。它们在中世纪艺术理论的影响下（尤其受阿奎那的影响）试图解决多种问题。因此，这些作品不适于辅助普通历史研究。不过，它们对以下研究依然是有帮助的：一、可作为中世纪美学理论的个例和注释；二、有助于证明这些理论中的哪些特点可能具有当代影响力。当然，还是有必要小心区分简单的解释和独立的发展。

Adler, M., *Art and Prudence* (New York, 1937).

Balthasar, N., 'Art, esthétique, beauté', *Revue Néoscolastique*, XXXIV (1933), pp. 70—116.

Ceriani, G., 'La gnoseologia e l'intuizione artistica', *Rivista di Filosofia Neoscolastica*, XXVI (1934), pp. 285—300.

Del Gaizo, V., 'Spunti tomistici per un'estetica moderna', *Humanitas*, II(1947), pp. 373—386.

De Wulf, M., *L'Oeuvre d'art et la beauté* (Louvain, 1920); *Art and Beauty*, translated by M. Udell (St. Louis, 1950).

Duffy, J., *A Philosophy of Poetry Based on Thomistic Principles* (Washington, 1945).

Febrer, M., 'Metafisica de la belleza', *Revista de filosofia*, VII (1948), pp. 91—134.

Marc, A., 'La Méthode d'opposition en ontologie thomiste', *Revue Néoscolastique*, XXXIII (1913), pp. 149—169.

——, 'Metaphysique du Beau', *Revue Thomiste*, LI (1951), pp. 112—133.

Maritain, J., *Art and Scholasticism* (London, 1930).

——, 'Signe et symbol', *Revue Thomiste*, XLIV (1938), pp. 299—310; 'Sign and Symbol', *Jounal of the Warburg Institute*, I (1937), pp. 1—11.

——, 'De la connaissance poétique', *Revue Thomiste*, XLIV (1938), pp. 87—98.

——, *Creative Intuition in Art and Poetry* (London, 1953).

Mercier, D., *Métaphysique générale ou ontologie* (Louvain, 1910), Part IV, chapter 4.

Plé, R., 'Ontologie de la forme', *Revue de Philosophie*, XXXVI (1936), pp. 329—342.

Simonsen, V. L., *L'Esthétique de J. Maritain* (Copenhagen and Paris, 1957).

Trias, M., 'Nota sobre la belleza como trascendental', *Actas del Io Congreso Nacional de Filosofia* (Mendoza, 1949), vol. III.

Vanni-Rovighi, S., *Elementi di filosofia* (Milan, 1948), vol. II, chapter 5.

Wencelius, L., *La Philosophie de l'art chez les néoscolastiques de langue française* (Paris, 1932).

马里顿的《艺术与经院哲学》的优点在于，它向非专业的大众读者揭示了一种以中世纪哲学术语写就的美学，先不说这一任务是否达成。它在远离天主教影响、通常对中世纪文化不关注的人群里意外地受欢迎。其中一处是美国，因为美国人发现托马斯主义的范畴符合亚里士多德主义的严谨性。一方面，马里顿使用中世纪美学证明科克托、萨蒂、塞维里尼和毕加索的价值；另一方面，他研究美的超越性，及审美意义上的“看见”一词的本性等问题。“美是重聚的超越物的光辉”等定义很快被普遍接受。“美是让人愉悦的事物”（pulchrum est id quod placet）等表述被认为是真正的托马斯主义表述，人们并不在意或并未意识到它实际上是马里顿本人的定义。

阿奎那本人说的是“pulchra dicuntur quae visa placent”，其中的区别很大。马里顿的定义是教条主义的，一劳永逸地定义了美的存在特征。阿奎那的定义则更像是社会学调查结果。阿奎那的意思是“被看见时让人愉悦的事物可称作美的”，这是在引入问题，而非解决问题。

这样的现象说明了这类作品的潜在危险。花大量精力叙述作者所处时代的问题，会让读者将作者的观点误以为是其他人的观点；推测性的哲学与中世纪思想史学混杂。因此，将“看见”解释为对可感之物的智性直观（这一解释与艺术直观是动态简图理论有关），不知不觉地引致托马斯主义与柏格森主义的结合。马里顿叙述的技巧和激情，让这些在乍看之下是合理的，在马里顿后来的作品《艺术与诗的创造性直觉》中，这一模糊性终于得到解决。该书有着一种独特的美学，自由地吸纳着历史中托马斯主义的影响。不过，中世纪得以在当代思想中复活，多亏了马里顿，这可不是轻易就能做到的。西蒙森论马里顿的小书则不够完整，因为未论及他最近的一部作品。

德·伍尔夫富有天赋，懂得平衡。默西埃对这些问题的重新思考在今日依然有价值，其中的观点给人启发。万尼-罗维吉的写作条理清晰，资料翔实。

马克论美的形而上学的文章，及普莱论艺术形式的存在论的文章，均富有启发性。

文策柳斯的研究精确，持有特别的观点，以新教历史学家的视角思考了同时代的天主教徒。

在乔伊斯的《一个青年艺术家的肖像》和《英雄斯蒂芬》中，有多个段落都展现了一种美学，在此如不提及它，这一对中世纪主题自由探究的评点就不算完整。在这样一种美学中，托马斯主义的范畴在一种完全非正统的道德和意识形态环境中恢复生气。这些诠释充满洞察力，让托马斯主义进入很不同的文化和感性中。这方面的著作包括 Umberto Eco, *Le poetiche di Joyce* (Milan, 1966 now in English as *The Aesthetics of Chasmos*, Tulsa Monograph Series 18, 1982), Virgilio Guidi, *Il primo Joyce* (Rome, 1954), and William T. Noon, *Joyce and Aquinas* (New Haven 1957)。

近年文献补遗

Assuntom R., *La critica d'arte nel pensiero medievale* (Milan, 1961).

——, *Die Theorie des Schönen im Mittelalter* (Cologne, 1963).

——, *Impostesi e postille sull'estetica medioevale* (Milan, 1975).

Barrett, C., 'The Aesthetics of St. Thomas Re-examined', *Philosophical Studies*, XII (1963), pp. 107—124.

——, 'Medieval Art Criticism', *The British Journal oof Aesthetics*, V (1963), pp. 25—36.

Beardsley, M. C., *Aesthetics from Classical Greece to the Present* (New York, 1966), chapter 5.

Boglioni, P. (ed.), *La culture populaire au moyen âge* (Montreal and Paris, 1979).

林堡兄弟
炼狱中涤罪的灵魂
取自**《贝里公爵的豪华时祷书》**
约1412—1416年
尚蒂伊：孔蒂博物馆

Bundy, M. W., *The Theory of Imagination in Classical and Medieval Thought* (Folcraft, Pa., 1970; 1st published Indiana U.P., 1927).

Cataudella, Q., *Estetica cristiana*, in *Momenti e problemi di storia dell'estetica*, by various authors, 4 vols. (Milan, 1959, 1961), vol. CI.

Chydenius, D., 'La théorie du symbolisme médiévale', *Poétique*, XXIII (1975), pp, 322—341.

Copleston, F. C., *A History of Philosophy*, 7 vols. (London, 1946—1963), vol. II, *Medieval Philosophy*.

Dales, R. C., *The Intellectual Life of Western Europe in the Middle Ages* (Washington, 1980).

Eco, Umberto, 'Storiografia medievale ed estetica teorica (Apunti metodologici su Jacques Maritain)', *Filosofia*, XII (1961), pp. 505—522.

——, *Symbol*, in *Semiotics and the Philosopy of Language* (Bloomington, Indiana, U.P., 1984).

——, 'At the Roots of the Modern Concept of Symbol', *Social Research* 52, 2 (1985), pp. 383—402.

——, *L'Espistola XIII, l'allegorismo medievale, il simblismo moderno*, in *Sugli Specchi* (Milan, 1985).

Flasch, K., 'Ars imitatur naturam. Platonischer Naturbegriff und mittelalterliche Philosophische der Kunst', in *Parusia* (Frankfurt, 1965).

Grabar, A., *Christian Iconography* (London, 1969).

Jeauneau, E., *La philosophie médiévale*, 2nd edition (Paris, 1967).

Kovach, F. J., *Die Aesthetik des Thomas von Aquin* (Berlin, 1961).

——, 'The Transcendentality of Beauty in Thomas Aquinas', in *Die Metaphysik im Mittelalter* (*Miscellanea Mediaevalia*, II), edited by P. Wilpert (Berlin, 1963), pp. 386—392.

Lindberg, D. C., *Theories of Vision from Al Kindi to Kepler* (Chicago, 1976).

Miller, Joseph M., Prosser, M. H., Benson, T. W. (eds.,), *Readings in Medieval Rhetoric* (Bloomington, Ind. and London, 1973).

Murphym J. J., (ed.), *Three Medieval Rhetorical Arts* (Berkeley, Los

Angles, London, 1971).

——, *Rhetorical Arts* (Berkeley, Los Angeles, London, 1971).

——, (ed.), *Medieval Eloquence: Studies in the Theory and Practice of Medieval Rhetoric* (Berkeley, Los Angeles, London, 1978).

Paul, J., *Historie intellectuelle de l'occident médiéval* (Paris, 1973).

Pearsall, D. and Salter, E., *Landscapes and Seasons of the Medieval World* (London, 1973).

Perpeet, W., *Ästhetik im Mittelalter* (Freiburg, 1977).

Squarrotti, G. B., *Le Poetiche del trecento in Italia*, in *Momenti e problemi di storia dell'estetica*, by various authors, 4 vols. (Milan, 1959, 1961), vol. I.

Tatarkiewicz, W., *History of Aesthetics*, 3 vols. (The Hague, 1970, 1974), vol. II.

Viscardi, A., *Idee estetiche e letteratura militante nel Medioevo*, in *Momenti e problemi di storia dell'estetica*, by various authors, 4 vols. (Milan, 1959, 1961), vol. I.

译名对照表

-A-

Abelard，阿伯拉尔

Adam Pulchrae Mulieris，亚当・普尔克莱・穆里埃里斯

Adhelm of Malmesbury，马姆斯伯里的亚浩

Alan of Lille，里尔的阿朗

Alan de la Roche，拉罗什的阿朗

Albertus Magnus，阿尔伯图斯・马格努斯

Alcuin，阿尔琴

Alexander of Hales，哈勒斯的亚历山大

Alexander Neckham，亚历山大・尼卡姆

Aquinas，阿奎那，参见 Thomas Aquinas, St.

Arab philosophers，阿拉伯哲学家

Aristotle，亚里士多德

Augustine, St.，圣奥古斯丁

Aurelianus Reommensis，奥雷利安努斯・雷奥门西斯

Avenpace，伊本・巴哲

Averroes，伊本・路世德

Avicenna，伊本・西那

-B-

Bacon, Roger，罗杰・培根

Baldwin of Canterbury，坎特伯雷的鲍德温

Bede, the Venerable，可敬的比德

Bernard of Chartres，沙特尔的伯纳

Bernard of Clairvaux, St.，圣伯纳

Bernard Silvestris，伯纳・西尔维斯特里斯

Bernard of Tours，图尔的伯纳

Boethius，波爱修斯

Bonaventure, St.，圣文德

Brother Considerans，相关兄弟

-C-

Carolingians, the，加洛林王朝

Cassiodorus，卡西奥多罗斯

Cennino Cennini，琴尼诺・琴尼尼

Chalcidius，卡西底乌斯

Chrétien de Troyes，克雷蒂安・德・特鲁亚

Cicero，西塞罗

Conrad of Hirschau，希尔绍的康拉德

-D-

Dante，但丁

Dionysius the Areopagite，亚略巴古的丢尼修

Dionysius the Carthusian，加尔都西会的丢尼修

Duns Scotus，邓斯・司各脱，参见 John Duns Scotus

-E-

Eberhard of Bethune，贝休恩的埃伯哈德

Eckhart, Meister，埃克哈特大师

Eriugena，爱留根纳，参见 John Scotus Eriugena

-F-

Franco of Cologne，科隆的弗兰科

-G-

Galen，盖伦

Geoffrey of Vinsauf，文索夫的杰弗里

Geoffrey of Viterbo，维特尔波的杰弗里

Gilbert of Hoyt，霍伊特的吉尔伯特

Giovannino of Mantua, Fra，曼托瓦的乔瓦尼诺神父

Guillaume Durandus，纪尧姆・杜兰

Guinizelli, Guido，圭多・圭尼泽利

Gundisalvi, Domenico，多明尼库斯・贡狄萨利努斯

-H-

Hay ben Jodkam，哈伊・本・乔坎

Hildegard, St.，圣希尔德加德

Hilduin，伊尔杜安

Honorius of Autun，奥坦的荷诺里

Horace，贺拉斯

Hucbald of Saint-Amand，圣阿芒的于克巴尔德

Hugh of Fouilloi，佛洛伊的修伊

Hugh of St. Victor，圣维克多的修伊

-I-

Ibn Tofail，伊本・道法伊

Isidore of Seville，塞维利亚的圣依西多禄

-J-

Jean de Meun，让・德・摩恩

Jehudah Levi，犹大・哈列维

Jerome of Moravia，摩拉维亚的哲罗姆

Johannes Saracenus，约翰内斯・撒拉凯努斯

John Duns Scotus，约翰・邓斯・司各脱

John of Garland，加兰德的约翰

John of la Rochelle，拉罗歇尔的约翰

John of Salisbury，索尔兹伯里的约翰

John Scotus Eriugena，约翰内斯・司各特・爱留根纳

Joseph the Scot，约瑟夫・斯科特

Juan de Baena，巴埃纳的胡安

-M-

Macrobius，马克罗比乌斯

Marius Victorinus，马里乌斯・维克托里纽斯

Matthew of Vendôme，旺多姆的马修

Mussato, Albertino，阿尔贝蒂诺・墨萨多

-N-

Nicholas of Autrecour，奥特古尔的尼古拉斯

-O-

Odo of Cluny，克吕尼的俄多

Olovier de la Marche，奥利维尔・德・拉马歇

Otloh of St. Emmeran，圣埃米兰的奥特罗

-P-

Peter Damien, St.，圣彼得・达米昂

Pettarch，彼得拉克
Philip the Chancellor，圣堂长菲利普
Philostratus，斐罗斯脱拉德
Plato，柏拉图
Plotinus，普罗提诺
Polyclitus，波留克列特斯
Proclus，普罗克洛斯
Pseudo-Dionysius，伪丢尼修，参见 Dionysius the Areopagite
Pythagoras，毕达哥拉斯

-Q-
Quintilian，昆体良

-R-
Ramon Llull，拉蒙·柳利
Remigius of Auxerre，欧塞尔的雷米
Rhabanus Maurus，拉巴努斯·莫鲁斯
Richard of St. Victor，圣维克多的里夏尔
Robert Grosseteste，罗伯特·格罗斯泰斯特
Rudolf of Longchamp，隆尚的鲁道夫
Ruysbroeck, Jan，扬·吕斯布鲁克

-S-
Seneca，塞涅卡
Stoics, the，斯多葛学派
Suger, Abbot of St. Denis，圣德尼修道院院长苏杰
Suso, Heinrich，海因里希·苏索

-T-
Tauler, Johannes，约翰内斯·陶勒
Theodulf of Orleans，奥尔良的提奥杜尔夫
Theophilus，提阿非罗
Thierry of Chartres，沙特尔的蒂埃里
Thomas Aquinas, St.，圣托马斯·阿奎那
Thomas Gallus Vercellensis，托马斯·加卢斯·维切利
Tuotilo，托提洛

-U-
Ulrich of Strasbourg，斯特拉斯堡的乌尔里希

-V-
Victorines, the，维克多派
Villard de Honnecourt，维拉尔·德·奥内库尔
Villon, François，弗朗索瓦·维庸
Vincent of Beauvais，博韦的樊尚
Vitruvius，维特鲁威

-W-
Walafrid Strabo，瓦拉弗里德·斯特拉波
William of Auvergne，奥弗涅的威廉
William of Auxerre，欧塞尔的威廉
William of Conches，孔谢的威廉
William of Ockham，奥卡姆的威廉
Witelo，威特罗

插图索引

012，198	圣福伊圣物匣 The Reliquary of Sainte Foy	
013	刻有怪物的拱门 Arch with Beasts	
014	地狱之口，取自《温切斯特诗篇》 Helmouth, from *Winchester Psalter*	
016	格里高利圣咏乐谱，取自《蒙彼利埃手抄本》 Sheet Music of Gregorian Chant, from *Montpellier Codex*	
017	双层拱顶 Crossed-Arch Vaults of the Mosque of Córdoba	
020	双柱头 Capital	
021	阿达圣餐杯 Ardagh Chalice	
022	奥托与玛蒂尔德十字架 Cross of Otto and Mathilde	
024	凡尔登祭坛 Verdun Altar	凡尔登的尼古拉 Nicholas of Verdun
026—027	教堂内部 Interior of the Basilica of Constantine	
028	维纳斯的胜利，受六位传奇情人崇拜 The Triumph of Venus Venerated by Six Legendary Lovers	塔伦托大师 Master of the Taking of Tarento
030	亚当与夏娃镶嵌画 Mosaic of Adam and Eve	
032—033	人生之旅 Tabula Cebetis or The Journey of Human Life	
039	虔诚的路易，取自《赞美神圣的十字架》 Louis the Pious, from *De Laudibus sancte crucis*	拉巴努斯·莫鲁斯 Rabanus Maurus

105	二月，取自《贝里公爵的豪华时祷书》 Feburary, from *Les Très Riches Heures du duc de Berry*	林堡兄弟 Limbourg Brothers
106	三月，取自《贝里公爵的豪华时祷书》 March, from *Les Très Riches Heures du duc de Berry*	林堡兄弟 Limbourg Brothers
107	四月，取自《贝里公爵的豪华时祷书》 April, from *Les Très Riches Heures du duc de Berry*	林堡兄弟 Limbourg Brothers
108	五月，取自《贝里公爵的豪华时祷书》 May, from *Les Très Riches Heures du duc de Berry*	林堡兄弟 Limbourg Brothers
109	六月，取自《贝里公爵的豪华时祷书》 June, from *Les Très Riches Heures du duc de Berry*	林堡兄弟 Limbourg Brothers
110	七月，取自《贝里公爵的豪华时祷书》 July, from *Les Très Riches Heures du duc de Berry*	林堡兄弟 Limbourg Brothers
111	八月，取自《贝里公爵的豪华时祷书》 August, from *Les Très Riches Heures du duc de Berry*	林堡兄弟 Limbourg Brothers
112	九月，取自《贝里公爵的豪华时祷书》 September, from *Les Très Riches Heures du duc de Berry*	林堡兄弟 Limbourg Brothers
113	十月，取自《贝里公爵的豪华时祷书》 October, from *Les Très Riches Heures du duc de Berry*	林堡兄弟 Limbourg Brothers
114	十一月，取自《贝里公爵的豪华时祷书》 November, from *Les Très Riches Heures du duc de Berry*	林堡兄弟 Limbourg Brothers
115	十二月，取自《贝里公爵的豪华时祷书》 December, from *Les Très Riches Heures du duc de Berry*	林堡兄弟 Limbourg Brothers
116	独角兽在花园中休憩 The Unicorn Rests in a Garden	
119	建造巴别塔，取自《贝德福德时祷书》 Tower Babel, from *The Bedford Hours*	

182	观景殿的阿波罗 Apollo del Belvedere	
185	滴水兽 Gargoyles of Notre Dame	
186	基督人生中的场景：基督被捕（犹大之吻） Scenes from the Life of Christ: The Arrest of Christ (Kiss of Judas)	乔托·迪·邦多纳
189	基督与圣母的代求 The Intercession of Christ and the Virgin	（据推测）洛伦佐·摩纳哥 Probably Lorenzo Monaco
191	《林迪思法恩福音书》封面 The Cover of *Lindisfarne Gospels*	
192	目录页，取自《林迪思法恩福音书》 Content Page, from *Lindisfarne Gospels*	
193	“Chi-Rho”花押字，取自《林迪思法恩福音书》 “Chi-Rho” Monogram, from *Lindisfarne Gospels*	
194	福音传教士马太肖像，取自《林迪思法恩福音书》 Evangelist Portrait of Matthew, from *Lindisfarne Gospels*	
195	福音传教士马可肖像，取自《林迪思法恩福音书》 Evangelist Portrait of Mark, from *Lindisfarne Gospels*	
196	福音传教士路加肖像，取自《林迪思法恩福音书》 Evangelist Portrait of Luke, from *Lindisfarne Gospels*	
197	福音传教士约翰肖像，取自《林迪思法恩福音书》 Evangelist Portrait of John, from *Lindisfarne Gospels*	